中国草业统计

CHINA GRASSLAND STATISTICS

2019

全国畜牧总站 编

中国农业出版社
北 京

图书在版编目（CIP）数据

中国草业统计. 2019 / 全国畜牧总站编. —北京：中国农业出版社，2021.9
ISBN 978-7-109-28806-5

Ⅰ. ①中… Ⅱ. ①全… Ⅲ. ①草原资源—统计资料—中国—2019 Ⅳ. ①S812.8-66

中国版本图书馆CIP数据核字（2021）第198458号

中国农业出版社出版
地址：北京市朝阳区麦子店街18号楼
邮编：100125
责任编辑：赵 刚
版式设计：王 晨 责任校对：吴丽婷
印刷：中农印务有限公司
版次：2021年9月第1版
印次：2021年9月北京第1次印刷
发行：新华书店北京发行所
开本：889mm × 1194mm 1/32
印张：10.125
字数：295千字
定价：100.00元

编辑委员会

编　写　组

主　　编： 王加亭　陈志宏

副 主 编： 赵之阳　张铁战　唐川江　尹权为

编写人员：（以姓氏笔画为序）
王加亭　尹权为　尹晓飞　刘　彬　闫　敏　严　林
李新一　张铁战　陆　健　陈志宏　邵麟惠　周希梅
赵之阳　赵恩泽　柳珍英　钱政成　唐川江　智　荣
谢　悦　薛泽冰

Editorial Bord

Writing Group

Editorial-in-chief

Wang Jiating	Chen Zhihong	

Associate Editorial-in-chief

Zhao Zhiyang	Zhang Tiezhan	Tang Chuanjiang
Yin Quanwei		

Editorial Staff

Wang Jiating	Yin Quanwei	Yin Xiaofei
Liu Bin	Yan Min	Yan Lin
Li Xinyi	Zhang Tiezhan	Lu Jian
Chen Zhihong	Shao Linhui	Zhou Ximei
Zhao Zhiyang	Zhao Enze	Liu Zhenying
Qian Zhengcheng	Tang Chuanjiang	Zhi Rong
Xie Yue	Xue Zebing	

编者说明

为了准确地掌握我国草业发展形势，便于从事、支持、关心草业的各有关部门和广大工作者了解、研究我国草业经济发展情况，全国畜牧总站认真履行草业统计职能，对2019年各省区的2000多个县级草业统计资料进行了整理，编辑出版《中国草业统计2019》，供读者作为工具书查阅。

本书内容共分七个部分：第一部分为草业发展综述；第二部分为天然饲草利用统计；第三部分饲草种业统计，包括饲草种质资源保护、饲草品种审定名录、饲草种子生产；第四部分为草业生产统计，包括饲草种植、商品草生产；第五部分为农闲田统计；第六部分为农副资源饲用统计；第七部分为草产品加工企业统计；并附有草业统计主要指标解释、全国268个牧区半牧区县名录等。

本书所涉及的全国性统计指标未包括香港、澳门特别行政区和台湾省数据。书中部分数据合计数和相对数由于单位取舍不同而产生的计算误差，未作调整。数据项空白表示数据不详或无该项指标数据。

由于个别省区统计资料收集不够及时、全面，编辑时间仓促，加之水平有限，难免出现差错，敬请读者批评指正。

2020年12月

目　　录

第一部分

草 业 发 展 综 述

一、饲草种业发展情况

种业是国家基础性、战略性核心产业，饲草种子是饲草生产的重要生产资料，是现代草食畜牧业发展水平和畜产品国际竞争力的集中体现，是农业科技进步的重要标志。发展饲草种业，良种要先行。2019年在国家政策引导和财政资金扶持下，加强基础设施建设，开展种质资源保护、新品种测试与审定、饲草种子质量监管等种业发展基础性工作，饲草种业稳步发展，取得了一定成效，但总量供给不足、品种适应性不强、现代育种体系不健全等问题依然存在，制约着饲草种业和饲草产业高质量发展。

（一）种子田面积与上年持平，但“多减一增”显著

2019年，全国饲草种子田面积138.4万亩*，同比下降3.8%；其中多年生饲草种子田65.9万亩、一年生饲草种子田72.5万亩，同比分别增长−27.5%、36.8%。多年生饲草种子田中苜蓿50.7万亩、披碱草7.5万亩，同比分别下降22.3%、31.3%。一年生饲草种子田中燕麦43.6万亩、多花黑麦草0.2万亩，同比分别增长94.6%、−25%。种子田面积超过10万亩的省区有甘肃、宁夏、青海，分别为49.3万亩、34.4万亩、17万亩，同比分别增长−8.2%、204.4%、−35.8%，分别占全国的35.6%、24.8%、12.3%。其中，牧区半牧区县饲草种子田面积达到83.3万亩，占全国的60.2%，同比增长0.6%；其中多年生饲草种子田33.3万亩、一年生50.1万亩，同比增长−33.5%、53.4%。

（二）种子生产总量略有下降，一年生饲草增幅明显

2019年饲草种子主产区水热匹配较好、收获关键期气候状况好于上年，加之饲草种子生产标准化、规范化水平明显提升，饲草

* 亩为非法定计量单位，1亩≈667平方米。下同

产能较高、生产周期较短的一年生饲草种子生产量增幅明显；饲草产能较低、生产周期较长的多年生饲草种子产量下降明显，天然草场采种量下降更为显著。全国饲草种子产量9.8万吨，同比下降1.8%；其中种子田生产种子9.2万吨、天然草场采种0.6万吨，同比分别增长0.4%、−23.9%；多年生饲草种子2.6万吨、一年生饲草种子7.2万吨，同比分别增长−26.7%、11.9%。从生产布局来看，种子产量达到万吨的省区有青海、甘肃、宁夏，分别为3万吨、2.5万吨、1.8万吨，同比分别增长−13.1%、−13.1%、190.4%，分别占全国的30.6%、25.5%、18.4%。从饲草种子种类来看，以燕麦、苜蓿为主，燕麦种子5.2万吨、苜蓿种子1.4万吨，同比分别增长20.4%、−18.7%，分别占全国的53.1%、14.3%。其中，牧区半牧区县饲草种子生产量5.1万吨，占全国的52%，同比持平；其中多年生饲草种子1.2万吨、一年生饲草种子3.9万吨，同比增长−44.9%、31.7%。

（三）饲草种子供需矛盾有所缓解，进口总量依然较大

近年来，国家持续推进振兴奶业苜蓿发展行动、粮改饲等项目实施，国内市场对苜蓿、全株青贮玉米、燕麦等优质饲草种子的需求量逐年增大。2019年全国新增苜蓿种植面积434万亩，预估2020年新增面积增加20%，按亩用种2千克计算，预估2020年需种子1.04万吨，国产种子基本能够满足普通种草需求。由于国内苜蓿种子在丰产性能上不如进口种子，导致大部分优质高产苜蓿示范建设项目的用种主要依赖于国外进口。据海关统计，2019年全国进口各类草种5.63万吨，其中黑麦草3.11万吨、羊茅0.97万吨、草地早熟禾0.57万吨、燕麦0.5万吨、紫花苜蓿0.26万吨、三叶草0.22万吨。从种子用途来看，羊茅、早熟禾主要用于园林绿化、草坪建设；三叶草主要用于果园种草和生态绿化，黑麦草主要用于园林绿化、畜牧业和渔业等；苜蓿主要满足高产苜蓿基地项目建设用种；饲用燕麦主要满足饲草种植用种。

（四）国产饲草种子价格稳定，进口饲草种子价格略有上涨

2019年国产饲草种子平均价格分别为：紫花苜蓿40元/千克、

燕麦4元/千克、披碱草15元/千克、老芒麦17元/千克、冷地早熟禾27元/千克，与上年持平；杂交狼尾草380元/千克，同比上涨26.7%。据海关统计，2019年全国草种进口平均到岸价分别为：黑麦草10.49元/千克*、羊茅16.07元/千克、草地早熟禾30.35元/千克、紫花苜蓿19.59元/千克、三叶草25.39元/千克，同比分别上涨−5%、4%、2%、5%、−3%。由于受土地成本高、机械化率低、科研投入少等因素制约，导致苜蓿国内制种价格较国外普遍偏高，市场竞争力较弱。

（五）饲草种业发展基础进一步夯实

2019年，全国共收集饲草种质资源429份，复检入库1998份，累计保存总量达到6.3万份；开展了71个饲草品种、1564个小区的区域试验；审定通过新品种25个，累计审定饲草品种584个；中央投资3000万元，在宁夏、陕西新建紫花苜蓿等饲草良种繁育基地3个，在北京改扩建部级饲草种子质检中心1座，进一步夯实饲草种业发展基础，保障饲草种子供给安全。

全国各级饲草种子质检机构通过对比试验、能力验证、交流研讨、设备更新、技术引进等手段努力提升检测能力和水平。全国18家省部级质检机构共检测饲草种子4400余份。5家省部级质检机构从饲草种子主要生产和销售地区抽检306批次，其中质量等级三级以上的占比72.5%，较上年持平。

二、饲草生产情况

按照国家稳粮优经扩饲的思路，各地以粮改饲、振兴奶业苜蓿发展行动等有关政策为抓手，大力发展草牧业，优质饲草种植比例明显提高，草业生产水平不断提升，粮经饲三元结构调整成效初显。

---

* 2019年人民币对美元平均汇率6.8985。下同

（一）种草面积较上年有所下降

2016年第二轮草原生态保护补助奖励政策较上轮政策实施内容做了调整，取消了用于种草扶持的牧草良种补贴和生产资料综合补贴。2019年国家机构改革和草业职能调整后，国家将政策资金中原先用于草牧业发展的绩效考核奖励资金由农业农村部门划转到林草部门，主要用于草原生态修复。由于种草扶持资金较往年大幅减少，导致各地种草积极性有所下降，同时局部地区受气候干旱、倒春寒等灾害天气和市场价格波动等因素的影响，人工种草面积较上年有所下降。全国人工种草保留面积13443万亩，同比下降17.9%；其中降幅较多的省区主要为辽宁、青海、山西、陕西、新疆、福建和吉林等省区，降幅分别达58%、42%、41%、40%、33%、32%、31%。全国新增人工种草面积7052万亩，其中多年生饲草974万亩、一年生饲草6078万亩，同比分别下降12.8%、18.4%、10.9%。

（二）饲草供需矛盾依然突出

随着人们生活水平的不断提高，对以肉奶为主的草食畜产品消费量与日俱增，饲草供需矛盾越发凸显，优质饲草缺口仍然较大。

据国家统计局统计数据测算，2019年全国草食家畜实际饲养量约为13.1亿羊单位，其中天然草原可饲喂2.7亿羊单位，现有人工种草可饲喂1.8亿羊单位；约66%的草食家畜没有稳定的优质饲草供应来源，主要通过饲喂秸秆等农副资源、增加谷物饲料比重、从国外进口饲草等途径来解决国内饲草缺口。内蒙古、西藏、新疆、青海、四川、甘肃、云南、河北、山西、辽宁、吉林、黑龙江、宁夏等13个牧区省份人工种草产量8191万吨，可饲喂1.4亿羊单位；天然草原产干草25974万吨，可饲喂2.04亿羊单位；实际饲养量约为9.1亿羊单位，饲草缺口约33054万吨。其中牧区半牧区县人工种草产量3369万吨，可饲喂0.58亿羊单位；天然草原产干草20294万吨，可饲喂1.6亿羊单位；而实际饲养量约为4.33亿羊单位，饲草缺口约12556万吨。

（三）饲草生产水平不断提高

各地按照种好草、养好牛、产好奶的思路，逐步探索出适宜种植的优质饲草品种，大力实施连片种植和集约化经营，促进草畜一体化发展。

从饲草种类来看，2019年我国种植多年生饲草以紫花苜蓿为主，保留面积为3478万亩，占全国的25.9%；一年生饲草主要为青贮玉米、燕麦、多花黑麦草，面积分别为3663万亩、534万亩、396万亩，同比分别增长−5.4%、−5.7%、1%。从分布区域来看，紫花苜蓿留床面积较大的省区有甘肃、内蒙古、宁夏，面积分别为1209万亩、539万亩、476万亩；从当年新增情况来看，紫花苜蓿种植较多的省份为甘肃、新疆和内蒙古，种植面积分别为136万亩、94万亩和64万亩，合计占全国的68%。在粮改饲政策的助推下，全株青贮玉米向“镰刀弯”和“黄淮海”地区集中，内蒙古、甘肃、黑龙江、河北、山东、山西、河南、宁夏、吉林、辽宁等省份种植面积达到2696万亩，占全国的73.6%，同比增加1.6%。燕麦也在向“镰刀弯”和“黄淮海”冷凉地区集中，内蒙古、甘肃、黑龙江、河北、山东、山西、河南、宁夏、吉林、辽宁等省份种植面积达到283万亩，占全国的53%。

同时，各地不断加强草业科技投入，有关高校和科研院所及全国各级畜牧技术推广部门通过产学研推紧密合作，草业科技转化率、草业机械化水平明显提升，饲草产业发展水平不断提高。从单产来看，2019年全国多年生、一年生饲草单产分别达到519千克/亩、1078千克/亩，同比分别增长3.4%、8.5%；其中紫花苜蓿、多花黑麦草、青贮玉米、燕麦单产达到487千克/亩、1145千克/亩、1220千克/亩、590千克/亩，同比分别增长−0.2%、−1.5%、8.1%、5.2%。同时，在粮改饲政策带动下，各地大力推广饲草青贮技术，提高饲草产品质量，2019年种植饲草实际青贮量达到2.09亿吨，同比增加109%。

（四）生产方式加快转型升级

在我国牧区，长期以来"逐水草而居"的靠天养畜生产方式逐步向发展人工种草、舍饲半舍饲转变，各地通过加大优质饲草的丰产栽培和高效饲喂，合理利用天然草原，科学放牧和打贮草，大力建植优质饲草料基地。2019年内蒙古等13个牧区省份人工种草年末保留面积11288万亩，新增种草面积5837万亩，同比分别下降16.9%、13.5%。其中，种草主要省份为内蒙古、甘肃、四川、云南和新疆，人工种草保留面积分别为3546万亩、2267万亩、1238万亩、872万亩和821万亩，分别占全国的26.4%、16.9%、9.2%、6.5%和6.1%。其中，牧区半牧区县人工种草年末保留面积5697.9万亩，新增种草面积2678.9万亩，分别同比下降21.5%、21.6%；多年生饲草、一年生饲草单产分别为349千克/亩、978千克/亩，同比分别增长-1.1%、19.8%。

在我国农区，各地进一步加快种养结合的草畜一体化发展，草畜规模场加大了优质饲草饲喂量，草食畜产品质量得到提升。我国农区人工种草保留面积2156万亩，当年新增种草面积1215万亩，同比分别下降19.9%、3.7%。其中人工种草主要省份为陕西、贵州、湖南、湖北和山东，保留面积分别为645万亩、277万亩、250万亩、233万亩、183万亩，分别占农区保留面积的29.9%、12.8%、11.6%、10.8%、8.5%。农区种植多年生饲草、一年生饲草单产分别为890千克/亩、1142千克/亩，同比分别增长26.4%、1.2%。

三、商品草生产与贸易情况

随着振兴奶业苜蓿发展行动和粮改饲项目的持续实施，各地优质饲草种植比例和规模不断扩大，商品草产销两旺，草产品进口量继续呈下降趋势，草企与养殖企业对接更加紧密，饲草产业链条不断延伸，饲草产业发展水平不断提升，市场竞争力进一步增强。

（一）商品草产能明显提升

2019年，我国商品草主产区雨热同季，饲草供不应求，全国商品草生产面积1630万亩，产量达到984万吨，同比分别增长11.7%、21.6%，各地加大了科技投入和政策扶持力度，商品草单产水平提升明显，达到604千克/亩，较上年提升8.8%。

从分省份来看，商品草主产区为甘肃、黑龙江和内蒙古，分别为391万亩、324万亩和273万亩，分别占全国的24.0%、19.9%和16.7%，其中牧区半牧区县商品草种植面积为793万亩，占全国的48.7%。从饲草种类来看，主要商品草为紫花苜蓿、羊草、青贮玉米和燕麦等，生产面积分别为659万亩、427万亩、309万亩和107万亩，分别占全国的40.4%、26.2%、19.0%和6.6%，产量分别为384万吨、47万吨、393万吨和74万吨，分别占商品草生产总量的39.0%、4.8%、39.9%和7.5%。

（二）草产品生产加工能力提升明显

在国家逐渐加大对草畜企业扶持、新型经营主体培育带动下，饲草供不应求，各地草产品加工企业数量与日俱增，以牛羊为主的规模化养殖场逐渐加大了青贮饲喂量，草产品种类多样化。据不完全统计，2019年全国草产品加工企业及合作社达1146家，同比增加55.5%；干草（含草捆、草块、草颗粒、草粉等）产量447万吨、青贮产量484万吨（折合干草193.6万吨），折合干草总量640.6万吨，同比增长11.7%。加工企业主要集中在陕西、甘肃、内蒙古、宁夏、河北，分别有255家、227家、99家、81家、50家，占全国的71.5%；产量分别为27.4万吨、198.8万吨、103.4万吨、37.6万吨、38.9万吨，占全国的63.4%。

从草产品种类来看，主要有草捆、草块、草颗粒、草粉和青贮等，分别为264.0万吨、34.1万吨、62.5万吨、22.3万吨和193.6万吨，分别占总量的41.2%、5.3%、9.8%、3.5%和30.2%，同比分别增长7.0%、−16.6%、51.3%、1.2和−12.8%。从加工饲草种类来看，主要有紫花苜蓿、青贮玉米、燕麦，产量分别为230.2万吨、224.6万吨、61.7万吨，占总量的80.6%。

（三）草产品进口格局优化

受中美贸易战对进口苜蓿加征关税和澳大利亚气候干旱等因素影响，草产品进口数量略有下降，平均到岸价格小幅上涨。据中国海关数据，2019年我国草产品进口总量为162.68万吨，同比下降5%。其中进口苜蓿干草135.61万吨，占总进口量的83%，同比下降2%；平均到岸价2338.59元/吨，同比上涨5%。主要来自美国、西班牙和加拿大，从美国进口101.47万吨，同比减少12%，占总量的75%，占比较上年减少9个百分点；从西班牙进口25.17万吨，同比增加46%，占19%，占比较上年增加7个百分点；从加拿大进口3.63万吨，同比减少了9%，占比近3%，占比较上年基本持平；其余从南非、苏丹及意大利进口。进口燕麦草24.09万吨，占比15%，同比下降18%；平均到岸价格2476.56元/吨，同比上涨32%，全部来自澳大利亚。进口苜蓿粗粉及草颗粒2.98万吨，占比2%，同比持平；平均到岸价格1848.80元/吨，同比上涨4%，大部分来自西班牙，少量来自墨西哥和意大利。

（四）国内饲草市场竞争力进一步增强

2019年草食畜产品价格高位运行，同时又受国际贸易影响，苜蓿和燕麦等草产品价格呈继续上涨态势，国产草产品品质进一步提升，市场竞争力不断增强。从产地来看，国产苜蓿、燕麦、羊草到场价分别为2250 ~ 2800元/吨、1700 ~ 2340元/吨、820 ~ 1300元/吨，主要来自甘肃、内蒙古、黑龙江等产区。从美国进口苜蓿到岸价3200 ~ 3750元/吨，从西班牙进口苜蓿到岸价2520 ~ 3000元/吨；从澳大利亚进口燕麦干草到岸价2600 ~ 3150元/吨。全株青贮玉米多为草畜企业收购原料自制青贮，成本价350 ~ 600元/吨；苜蓿、燕麦青贮多为草企自制裹包青贮，出场价分别为760 ~ 1220元/吨、650 ~ 810元/吨。

第二部分

天然饲草利用统计

2-1　全国及牧区半牧区天然饲草利用情况

指　标		单位	全国	牧区半牧区		
				合计	牧区	半牧区
天然草地承包面积	累　计	万亩	407428	317205	231821	85385
	承包到户	万亩	338889	268350	205634	62716
	承包到联户	万亩	61543	45414	24159	21256
	其他承包形式	万亩	6996	3441	2028	1413
禁牧休牧轮牧面积	合　计	万亩	244994	199647	149738	49909
	禁　牧	万亩	127497	96925	66408	30518
	休　牧	万亩	86568	82520	70835	11685
	轮　牧	万亩	30929	20202	12495	7707
天然草地利用面积	合　计	万亩	109666	79475	62409	17066
	打贮草	万亩	17201	13875	10812	3063
	刈牧兼用	万亩	9452	5858	4561	1297
	其他方式利用	万亩	83014	59742	47035	12706
贮草情况	干草总量	吨		54711	37000	17711
	青贮总量	吨		9240	5386	3854
打井数量	累　计	个		92611	41847	50764
	当年打井	个		4087	3097	990
草场灌溉面积		万亩		1061	681	380
井灌面积		万亩		299	212	87
定居点牲畜棚圈面积		平方米		87266520	44616037	42650483

2–2 各地区天然

地 区	天然草地承包面积				禁牧休牧	
	累计	承包到户	承包到联户	其他承包形式	合计	禁牧
全 国	**407427.7**	**338889.4**	**61542.7**	**6995.6**	**244994.2**	**127496.9**
河 北	2078.2	237.1	1682.0	159.0	3302.2	3302.2
山 西	117.5	20.3	94.2	3.0	1643.9	1360.5
内蒙古	99657.8	84737.4	14682.2	238.2	98382.9	42362.6
辽 宁	1270.4	1144.0	22.4	104.0	1343.3	1343.3
吉 林	905.5	739.1	154.9	11.5	673.5	531.3
黑龙江	1112.6	706.1	364.9	41.6	1124.8	1122.3
江 苏	27.6	26.1		1.5		
安 徽	49.2	34.2	8.4	6.6	62.5	26.3
福 建	0.003	0.001	0.001	0.001	0.003	0.001
江 西						
山 东	78.5	28.5		50.0	49.5	49.5
河 南	54.2	36.0	5.8	12.4	175.7	165.1
湖 北	543.9	296.8	92.9	154.2	108.6	
湖 南	2401.7	1867.9	393.0	140.8	678.8	229.8
广 东	39.5	25.2	14.1	0.2	31.3	8.4
广 西	138.0	82.4	5.3	50.2	188.3	67.8
海 南	1.6			1.6		
重 庆	130.1	90.9	8.0	31.2	107.8	39.1
四 川	24078.0	19714.5	4350.4	13.1	16517.3	6667.3
贵 州	1013.6	318.6	538.7	156.4	432.6	142.6
云 南	17695.8	13537.4	4158.4	0.02	9509.4	2716.8
西 藏	104359.0	95231.1	7782.2	1345.7	17841.8	11731.0
陕 西	1385.0	815.0	452.0	118.0	6523.9	6523.9
甘 肃	24510.6	20772.1	3639.4	99.1	22303.7	10006.9
青 海	47504.4	40065.5	7092.6	346.3	25890.1	18962.3
宁 夏	2974.7	2549.3	382.0	43.4	3495.4	3495.4
新 疆	72697.1	53657.2	15241.0	3798.9	32069.4	15529.0
新疆兵团	2463.3	2024.1	371.6	67.7	2165.5	741.6
黑龙江农垦	139.6	132.4	6.3	0.9	372.1	372.1

饲草利用情况

单位：万亩

轮牧面积		天然草地利用面积			
休牧	轮牧	合计	打贮草	刈牧兼用	其他方式利用
86568.2	**30929.0**	**109666.5**	**17200.9**	**9452.0**	**83013.6**
0.001	0.001	218.7	177.0	39.9	1.8
138.0	145.4	500.8	0.1	118.2	382.5
55139.8	880.5	9512.8	4951.9	972.4	3588.5
0.002	0.002	11.3	0.001	0.001	11.3
137.2	5.0	78.0	67.0	4.0	7.0
1.3	1.2	434.6	379.3	40.5	14.8
3.2	33.0	30.2	0.06	28.7	1.4
0.001	0.001	0.02	0.001		0.02
		3.0	3.0		
7.0	3.5	121.2	116.2	1.2	3.8
8.2	100.4				
179.6	269.5	136.5	7.5	25.3	103.7
9.4	13.5	41.6	6.0	2.4	33.3
35.1	85.5	210.8	0.01	175.9	34.9
19.4	49.3	230.5	6.7	33.9	189.9
7989.6	1860.4	4888.9	40.0	527.8	4321.2
104.6	185.4	1991.1	136.1	793.2	1061.8
1199.1	5593.5	4257.9	41.5	1251.0	2965.4
3504.6	2606.1	55813.5	1365.1	245.5	54202.9
		473.4			473.4
9861.4	2435.4	405.9	44.2	285.5	76.3
50.0	6877.8	17818.5	8031.5	3620.0	6167.0
0.001	0.001	22.3	22.3	0.001	0.001
8019.4	8521.0	11238.9	1671.8	1253.7	8313.4
161.2	1262.7	1101.1	17.1	33.1	1050.9
0.02	0.01	125.0	116.6	0.01	8.4

2-3 各地区牧区半牧区

地区	承包面积				禁牧休牧	
	累计	承包到户	承包到联户	其他承包形式	合计	禁牧
合计	**317205.2**	**268349.9**	**45414.3**	**3441.0**	**199647.2**	**96925.4**
河北	1586.9	11.4	1494.7	80.7	1630.0	1630.0
山西	78.1		78.1		0.001	
内蒙古	97141.7	82936.4	13997.5	207.8	95900.0	40480.8
辽宁	824.5	720.5	0.001	104.0	720.5	720.5
吉林	649.9	547.4	102.5	0.001	535.7	401.0
黑龙江	843.0	496.1	324.2	22.7	865.8	865.8
四川	22000.0	17721.0	4277.7	1.2	16469.7	6660.6
云南	1389.5	1128.6	260.9	0.001	1383.6	604.1
西藏	79583.9	74554.3	3836.6	1193.0	15711.7	10241.0
甘肃	17536.0	15320.6	2117.0	98.4	16398.4	5493.6
青海	45752.3	40011.2	5394.7	346.3	25875.1	18962.3
宁夏	1851.3	1468.6	366.3	16.4	1528.5	1528.5
新疆	47968.2	33433.7	13164.0	1370.5	22628.1	9337.2

地区	贮草情况		打井数量	
	干草总量	青贮总量	累计	当年打井
合计	**54710.8**	**9240.0**	**92611**	**4087**
河北	59.9	134.0	120	85
山西	15000.0			
内蒙古	1461.8	717.0	84386	1929
辽宁				
吉林	31.2	96.0	1393	521
黑龙江	71.7	90.0	92	37
四川	7819.6	76.0	93	2
云南	22.1	2.0	1	1
西藏	196.8	227.0	1220	385
甘肃	355.9	309.0		
青海	28489.2	4629.0	1893	462
宁夏	70.0	19.0		
新疆	1132.7	2941.0	3413	665

天然饲草利用情况

单位：万吨、万亩、个、平方米

轮牧面积		天然草地利用面积			
休牧	轮牧	合计	打贮草	刈牧兼用	其他方式利用
82519.7	**20202.1**	**79475.1**	**13875.0**	**5858.3**	**59741.8**
		209.7	168.2	39.9	1.6
	0.001	78.1			78.1
54540.0	879.3	6499.2	2447.9	876.3	3175.1
0.001	0.001				
134.7	0.001	55.9	51.9	4.0	0.001
		407.1	360.5	40.0	6.6
7979.3	1829.9	4636.8	29.7	333.7	4273.4
422.2	357.3				
3014.6	2456.1	42144.1	1365.1	0.1	40778.9
9057.4	1847.5	285.5		285.5	
50.0	6862.8	16457.5	8031.5	3620.0	4806.0
7321.6	5969.3	8701.1	1420.1	658.8	6622.3

草场灌溉面积	井灌面积	定居点牲畜棚圈面积
1061.2	**298.9**	**87266520**
0.5	0.3	1648706
		40000
222.6	88.1	28493212
		1400000
222.4	44.7	2096001
3.2	3.2	11745120
11.1	0.4	1660322
0.001		1610601
14.7		1388146
		2949000
466.6	151.8	27898805
		3581500
120.2	10.5	2755107

2-4 各地区牧区天然

地 区	天然草地承包面积				禁牧休牧	
	累计	承包到户	承包到联户	其他承包形式	合计	禁牧
合 计	**231820.6**	**205633.6**	**24158.7**	**2028.4**	**149737.7**	**66407.5**
内蒙古	78098.5	68452.6	9498.9	147.0	78788.4	27669.8
黑龙江	197.0	16.0	181.0		197.0	197.0
四 川	13611.5	11457.0	2154.5	0.002	10698.4	5125.2
西 藏	55651.8	53561.2	1736.0	354.5	11711.2	6908.0
甘 肃	12168.5	10918.2	1151.9	98.4	12002.7	2727.9
青 海	44363.1	39353.4	4834.2	175.4	25164.7	18570.9
宁 夏	716.3	704.8		11.5	716.3	716.3
新 疆	27014.0	21170.4	4602.1	1241.6	10459.1	4492.5

地 区	贮草情况		打井数量	
	干草总量	青贮总量	累计	当年打井
合 计	**36999.5**	**5386.0**	**41847**	**3097**
内蒙古	329.0	16.0	38248	1635
黑龙江	19.5	20.0		
四 川	7336.0	1.0		
西 藏	0.4		1218	385
甘 肃	297.1	252.0		
青 海	28484.9	4610.0	1704	450
宁 夏	30.0	10.0		
新 疆	502.7	477.0	677	627

饲草利用情况

单位：万吨、万亩、个、平方米

轮牧面积		天然草地利用面积			
休牧	轮牧	合计	打贮草	刈牧兼用	其他方式利用
70835.0	**12495.2**	**62408.9**	**10812.5**	**4561.0**	**47035.5**
50426.3	692.3	5320.8	2163.1	504.0	2653.7
		197.0	197.0		
5061.2	512.0	1279.2	7.6	2.0	1269.6
2347.1	2456.1	37192.0			37192.0
7681.8	1593.0				
50.0	6543.8	15267.2	8031.5	3455.0	3780.7
5268.6	698.0	3152.7	413.3	600.0	2139.5

草场灌溉面积	井灌面积	定居点牲畜棚圈面积
681.5	**212.3**	**44616037**
161.8	60.0	9768938
		416000
		125092
10.4		1090600
		1199000
466.6	151.8	27640805
		3500000
42.7	0.5	875602

2-5 各地区半牧区

地区	天然草地承包面积				禁牧休牧	
	累计	承包到户	承包到联户	其他承包形式	合计	禁牧
合　计	**85384.5**	**62716.4**	**21255.6**	**1412.6**	**49909.4**	**30517.9**
河　北	1586.9	11.4	1494.7	80.7	1630.0	1630.0
山　西	78.1		78.1		0.001	
内蒙古	19043.2	14483.8	4498.6	60.8	17111.6	12810.9
辽　宁	824.5	720.5	0.001	104.0	720.5	720.5
吉　林	649.9	547.4	102.5	0.001	535.7	401.0
黑龙江	646.0	480.1	143.2	22.7	668.8	668.8
四　川	8388.4	6264.0	2123.2	1.2	5771.4	1535.4
云　南	1389.5	1128.6	260.9	0.001	1383.6	604.1
西　藏	23932.1	20993.1	2100.6	838.4	4000.5	3333.0
甘　肃	5367.4	4402.4	965.1		4395.7	2765.7
青　海	1389.2	657.8	560.5	170.9	710.4	391.4
宁　夏	1135.0	763.8	366.3	5.0	812.2	812.2
新　疆	20954.2	12263.4	8561.9	128.9	12169.0	4844.7

地区	贮草情况		打井数量	
	干草总量	青贮总量	累计	当年打井
合　计	**17711.3**	**3854**	**50764**	**990**
河　北	59.9	134	120	85
山　西	15000.0			
内蒙古	1132.8	701	46138	294
辽　宁				
吉　林	31.2	96	1393	521
黑龙江	52.2	70	92	37
四　川	483.6	75	93	2
云　南	22.1	2	1	1
西　藏	196.4	227	2	
甘　肃	58.8	57		
青　海	4.3	19	189	12
宁　夏	40.0	9		
新　疆	630.0	2464	2736	38

天然饲草利用情况

单位：万吨、万亩、个、平方米

轮牧面积		天然草地利用面积			
休牧	轮牧	合计	打贮草	刈牧兼用	其他方式利用
11684.7	**7706.9**	**17066.2**	**3062.5**	**1297.3**	**12706.4**
		209.7	168.2	39.9	1.6
	0.001	78.1			78.1
4113.7	187.0	1178.5	284.8	372.3	521.4
0.001	0.001				
134.7	0.001	55.9	51.9	4.0	0.001
		210.1	163.5	40.0	6.6
2918.1	1317.9	3357.6	22.2	331.7	3003.8
422.2	357.3				
667.5		4952.1	1365.1	0.1	3586.9
1375.6	254.5	285.5		285.5	
	319.0	1190.3		165.0	1025.3
2053.0	5271.3	5548.4	1006.8	58.8	4482.8

草场灌溉面积	井灌面积	定居点牲畜棚圈面积
379.8	**86.6**	**42650483**
0.5	0.3	1648706
		40000
60.8	28.1	18724274
		1400000
222.4	44.7	2096001
3.2	3.2	11329120
11.1	0.4	1535230
0.001		1610601
4.3		297546
		1750000
		258000
		81500
77.5	10.0	1879505

第三部分

饲草种业统计

一、各地区饲草种质资源保护情况

3-1　各地区饲草种质资源保护情况

单位：份

承担单位	收集评价入库													鉴定评价	无性及特殊材料保存	生活力监测	复检入库	分发利用
	总计	栽培			野生			引进			兼用	珍稀濒危	特有					
		小计	一年	多年	小计	一年	多年	小计	一年	多年								
中国农业科学院北京畜牧兽医研究所	241				241		241											51
中国农业科学院草原研究所	150				100		100				50				11	200		350
中国热带农业科学院热带作物品种资源研究所	30				30		30							84	396			400
国家草种质资源库																2000	1998	2113
总　计	421				371		371				50				407	2200	1998	2914

二、2019 年全国草品种审定

3-2 2019 年全国草品种审定

序号	科	属	种	品种名称	登记号	品种类别
1	豆科	距瓣豆属	蝴蝶豆	金江	560	地方品种
2	豆科	苜蓿属	紫花苜蓿	龙牧 809	561	育成品种
3	豆科	苜蓿属	紫花苜蓿	斯贝德（Spyder）	562	引进品种
4	豆科	苜蓿属	紫花苜蓿	中苜 9 号	563	育成品种
5	豆科	柱花草属	圭亚那柱花草	热研 24 号	564	育成品种
6	禾本科	鹅观草属	肃草	川西	565	野生栽培品种
7	禾本科	高粱属	高粱 - 苏丹草杂交种	冀草 6 号	566	育成品种
8	禾本科	高粱属	苏丹草	新草 1 号	567	育成品种
9	禾本科	孔颖草属	白羊草	太行	568	野生栽培品种
10	禾本科	狼尾草属	杂交狼尾草	闽牧 6 号	569	育成品种
11	禾本科	狼尾草属	狼尾草	陵山	570	野生栽培品种
12	禾本科	披碱草属	短芒披碱草	川西	571	野生栽培品种
13	禾本科	蜈蚣草属	假俭草	赣北	572	野生栽培品种

委员会审定通过草品种名录

委员会审定通过草品种名录

申报单位	申报者	适宜区域
中国热带农业科学院热带作物品种资源研究所 / 海南大学	虞道耿 / 刘国道 / 罗丽娟 / 丁西朋 / 严琳玲	适宜在年降水量 1000 毫米以上的潮湿热带、亚热带地区种植。
黑龙江省农业科学院畜牧兽医分院	李红 / 杨曌 / 杨伟光 / 李莎莎 / 王晓龙	适宜在东北、华北地区推广种植。
克劳沃（北京）草业科技研究有限公司 / 内蒙古蒙草生态环境（集团）股份有限公司 / 安徽省农业科学院畜牧兽医研究所	张静妮 / 刘英俊 / 李争艳 / 吴建锁 / 苏爱莲	适宜在我国华北、西北和东北等寒冷地区种植。
中国农业科学院北京畜牧兽医研究所	杨青川 / 康俊梅 / 张铁军 / 龙瑞才 / 王珍	适宜我国黄淮海及类似地区推广种植。
中国热带农业科学院热带作物品种资源研究所 / 海南大学	严琳玲 / 白昌军 / 刘国道 / 罗丽娟 / 刘攀道	适宜我国海南、广东、广西等地区推广种植。
四川农业大学 / 四川省草原科学研究院	张昌兵 / 张海琴 / 周永红 / 沙莉娜 / 康厚扬	适宜于青藏高原东部寒冷湿润地区及类似区域种植。
河北省农林科学院旱作农业研究所	刘贵波 / 李源 / 赵海明 / 游永亮 / 武瑞鑫	适合在东北、西北、华北等地区种植。
新疆畜牧科学院草业研究所 / 奇台县绿丰草业科技开发有限责任公司 / 中国农业科学院生物技术研究所	朱昊 / 陈捍东 / 阿斯娅曼力克 / 林浩 / 任玉平	适合在我国南方或北方无霜期 130 天以上有灌溉条件的地区种植。
山西农业大学	董宽虎 / 夏方山 / 王康 / 钟华 / 杨国义	适合于我国华北南部及中原地区推广种植。
福建省农业科学院农业生态研究所	陈钟佃 / 黄秀声 / 黄小云 / 黄勤楼 / 冯德庆	适宜在我国热带、亚热带地区种植。
河北农业大学	王丽宏 / 李会彬 / 边秀举 / 孙鑫博 / 张继宗	适宜华北及长江以北地区种植。
四川省草原科学研究院	张昌兵 / 陈丽丽 / 闫利军 / 白史且 / 李达旭	适宜川西北牧区及类似气候区种植，最适宜在海拔 2800 ~ 3800 米，降水量 600 毫米以上的高寒草甸地区种植。
江苏省中国科学院植物研究所	陈静波 / 宗俊勤 / 郭海林 / 刘建秀 / 李玲	适宜于我国长江中下游及以南地区种植。

3-2　2019年全国草品种审定

序号	科	属	种	品种名称	登记号	品种类别
14	禾本科	燕麦属	燕麦	英迪米特（Intimidator）	573	引进品种
15	禾本科	燕麦属	燕麦	爱沃（Everleaf 126）	574	引进品种
16	禾本科	羊茅属	毛稃羊茅	环湖	575	野生栽培品种
17	禾本科	羊茅属	苇状羊茅	都脉	576	引进品种
18	禾本科	羊茅属	寒生羊茅	环湖	577	野生栽培品种
19	禾本科	薏苡属	薏苡	滇东北	578	野生栽培品种
20	禾本科	玉蜀黍属、摩擦禾属	玉米 - 摩擦禾 - 大刍草杂交种	玉草 5 号	579	育成品种
21	菊科	翅果菊属	翅果菊	闽北	580	野生栽培品种
22	蓼科	荞麦属	金荞麦	黔中	581	野生栽培品种
23	美人蕉科	美人蕉属	蕉芋	黔北	582	地方品种
24	荨麻科	苎麻属	苎麻	鄂牧 6 号	583	育成品种
25	十字花科	萝卜属	蓝花子	攀西	584	地方品种

委员会审定通过草品种名录（续）

申报单位	申报者	适宜区域
四川农业大学/北京猛犸种业有限公司/西南民族大学/四川省草业技术研究推广中心	黄琳凯/张新全/孟刚/陈仕勇/姚明久	适宜于四川、贵州和重庆平坝及丘陵山区种植。
北京正道种业有限公司/北京正道农业股份有限公司	邵进翚/李鸿强/赵利/齐丽娜/赵娜	适宜在我国东北、西北、华北及南方高海拔地区种植。
青海省畜牧兽医科学院/青海省牧草良种繁殖场/西南民族大学	刘文辉/梁国玲/魏小星/周青平/汪新川	适宜在青藏高原海拔 4200 米以下的高寒地区及西北、东北地区种植。
四川农业大学	张新全/聂刚/黄琳凯/黄婷/李鸿祥	适宜在云贵高原及西南山地丘陵区种植。
青海省畜牧兽医科学院/青海省草原改良试验站/西南民族大学/青海省牧草良种繁殖场	刘文辉/贾志锋/梁国玲/周青平/周学丽	适宜在青藏高原海拔 4200 米以下的高寒地区及华北、西北地区种植。
贵州省亚热带作物研究所/中国热带农业科学院热带作物品种资源研究所/贵州省草业研究所	刘凡值/杨成龙/周明强/黎青/董荣书	适宜贵州、云南、四川海拔 1000 ~ 1600 米地区种植。
四川农业大学	唐祈林/程明军/李华雄/严旭/李杨	适宜在我国长江流域或类似地区种植。
福建省南平市农业科学研究所/福建省南平市畜牧站	黄水珍/刘忠辉/谢善松/王宗寿	适宜在华东、华中和西南温暖湿润地区种植。
贵州省畜牧兽医研究所/贵州省草业研究所	邓蓉/龙忠富/孔德顺/向清华/尚以顺	适宜在云贵高原、长江中下游地区种植。
贵州省亚热带作物研究所/中国热带农业科学院热带作物品种资源研究所/贵州省草业研究所	周明强/班秀文/杨成龙/董荣书/赵明坤	适宜我国南部、西南部热带、亚热带地区种植。
湖北省农业科学院畜牧兽医研究所/咸宁市农业科学院	汪红武/田宏/汤涤洛/刘洋/熊伟	适宜在长江中下游地区种植。
四川省草业技术研究推广中心/四川省农业科学院土壤肥料研究所/凉山州畜牧兽医科学研究所/会理县农业农村局	朱永群/姚明久/柳茜/卢寰宗/彭扬龙	适宜在四川省西南及邻近的云南、贵州地区种植。

三、饲草种子

3-3 2015—2019 年全国分

饲草种类	饲草类型	2015		2016	
		面积	种子产量	面积	种子产量
合 计		**132.58**	**71960.7**	**126.33**	**70820.7**
	多年生草本	**91.52**	**26809.3**	**98.10**	**29769.2**
冰草		1.74	290.0	0.43	42.0
串叶松香草					
多年生黑麦草		0.49	225.5	0.38	159.6
狗尾草（多年生）		0.50	10.0	0.52	12.0
红豆草		2.00	1262.5	1.99	1260.0
胡枝子		0.13	7.5		
碱茅		0.60	90.0		
菊苣		0.05	5.0	0.08	8.6
狼尾草（多年生）		0.05	40.0		
老芒麦		5.85	2478.5	10.85	3603.5
罗顿豆		0.003	1.1	0.01	1.8
猫尾草		1.15	142.0	0.31	45.0
木豆					
牛鞭草					
雀稗				0.20	100.0
披碱草		16.05	8476.1	17.43	9830.6
旗草（臂形草）		0.05	10.0	0.05	10.0
三叶草		0.22	45.1	0.14	35.9
沙打旺		0.50	125.0	1.50	312.5
小冠花					
苇状羊茅		0.10	20.0	0.10	20.0
无芒雀麦					
鸭茅		0.05	4.3	0.51	100.1
羊草		6.07	718.0	6.09	748.0
羊柴					

生产情况

种类饲草种子生产情况

单位：万亩、吨

2017		2018		2019	
面积	种子产量	面积	种子产量	面积	种子产量
145.98	**70916.9**	**143.94**	**92120.3**	**138.42**	**92083.1**
92.73	**26080.0**	**90.92**	**28972.3**	**65.91**	**20332.0**
0.10	1.0	0.27	2.7	0.27	10.8
0.03	21.0	0.03	21.0	0.03	19.2
0.66	143.9	0.18	93.7	0.21	96.0
1.00	10.0	0.16	65.5	0.23	83.0
2.22	1125.8	1.42	719.6	1.38	721.7
0.08	8.6	0.08	9.4		
0.06	7.5	0.32	565.0	0.33	1824.0
6.30	2607.0	6.21	2523.5	0.75	415.0
0.01	1.7	0.01	1.7		
0.10	30.0	0.10	30.0	0.20	50.0
		0.02	2.4	0.02	24.0
		0.20	100.0		
0.20	40.0	0.83	512.5	0.20	40.0
14.01	8208.2	10.85	5602.0	7.45	3982.5
0.11	1.1	1.80	360.0		
0.35	34.0	0.08	13.9	0.01	2.8
1.00	162.5	1.00	192.5		
		0.20	50.0	0.20	50.0
				0.05	25.0
0.51	103.5	0.62	137.5	0.11	33.5
4.14	478.2	0.96	212.0	3.32	386.0

3-3 2015—2019年全国分种类

饲草种类	饲草类型	2015		2016	
		面积	种子产量	面积	种子产量
野豌豆		0.30	330	0.04	
圆叶决明		0.005	1.5	0.01	1.5
早熟禾					
柱花草					
紫花苜蓿		49.68	11282.5	52.62	12577.4
其他多年生饲草		5.95	1244.8	5.05	1000.8
	灌木半罐木	**0.85**	**385.0**	**0.15**	**25.0**
柠条		0.85	385.0	0.15	25.0
	一年生草本	**40.20**	**44766.43**	**28.08**	**41026.6**
草谷子					
草木犀		0.30	85.0	0.10	30.0
南苜蓿					
大麦					
黑麦		0.31	485.0	0.32	642.0
多花黑麦草		1.55	828.0	0.70	294.2
高粱苏丹草杂交种					
箭筈豌豆		3.71	3753.5	4.21	3943.5
苦荬菜					
马唐					
毛苕子(非绿肥)		15.81	5941.1	4.32	1533.1
墨西哥类玉米		0.04	13.5	0.03	12.0
苏丹草		0.32	307.0	0.22	247.0
小黑麦		5.03	7590.0	5.10	7900.0
燕麦		12.99	25702.0	12.67	25882.5
紫云英（非绿肥）					
其他一年生饲草		0.16	61.3	0.22	442.3

饲草种子生产情况（续）

单位：万亩、吨

2017		2018		2019	
面积	种子产量	面积	种子产量	面积	种子产量
0.01	1.5	0.005	1.50		
2.19	310.5	0.48	158.8		
		0.09	21.0	0.09	21.0
57.35	12216.5	65.18	17073.2	50.67	12168.1
2.51	607.5	0.66	1015.6	0.40	379.5
53.25	**44837.0**	**53.02**	**63148.0**	**72.51**	**71751.1**
3.20	4352.0				
0.30	90.0				
0.10	120.0	0.05	150.0		
0.10	183.0	0.31	582.0	0.03	36.5
4.73	1200.7	0.32	162.2	0.24	120.4
3.90	3850.0	3.00	3349.0	1.63	1579.2
0.02	3.0				
0.002	0.3				
3.82	1576.5	2.57	1515.5	1.36	577.0
2.41	364.0				
8.01	4002.5	9.62	4810.0	13.25	6818.2
3.00	4500.0	3.74	4159.9	4.50	6964.2
14.04	20978.0	22.42	43075.0	43.60	51886.0
2.26	548.0	0.98	425.0	0.33	150.2
7.16	3029.0	9.18	4407.0	7.59	3619.5

3-4 全国及牧区半牧区分种类饲草种子生产情况

单位：万亩、千克/亩、吨

区 域	饲草种类	饲草类型	种子田面积	平均产量	草场采种量	种子生产量	种子销售量
全 国			**138.42**	**67**	**6206.95**	**98290.07**	**33202.54**
		多年生	**65.91**	**31**	**5746.95**	**26078.95**	**8268.35**
	冰草		0.27	4		10.80	
	串叶松香草		0.03	64		19.20	
	多年生黑麦草		0.21	45		96.00	37.00
	狗尾草		0.23	36	150.00	233.00	20.00
	红豆草		1.38	52	100.03	821.73	150.00
	红三叶		0.01	21		2.75	
	狼尾草		0.33	561	265.00	2089.00	22.00
	老芒麦		0.75	55		415.00	
	猫尾草		0.20	25		50.00	25.00
	木豆		0.02	120		24.00	
	柠条				208.00	208.00	208.00
	披碱草		7.45	53	622.50	4605.00	
	雀稗		0.20	20		40.00	40.00
	沙打旺				40.00	40.00	20.00
	沙蒿				960.00	960.00	
	无芒雀麦		0.05	50	25.00	50.00	25.00
	小冠花		0.20	25		50.00	50.00
	鸭茅		0.11	30		33.50	20.00
	羊草		3.32	12	66.00	452.00	67.00
	柱花草		0.09	23		21.00	1.35
	紫花苜蓿		50.67	24	2202.42	14370.47	6773.00
	其他多年生饲草		0.40	96	1108.00	1487.50	810.00
		一年生	**72.51**	**99**	**460.00**	**72211.12**	**24934.19**
	黑麦		0.03	146		36.50	25.00
	多花黑麦草		0.24	51		120.35	1.80
	箭筈豌豆		1.63	97	0.001	1579.15	1390.00

3-4　全国及牧区半牧区分种类饲草种子生产情况（续）

单位：万亩、千克/亩、吨

区　域	饲草种类	饲草类型	种子田面积	平均产量	草场采种量	种子生产量	种子销售量
	毛苕子（非绿肥）		1.36	42	160.00	737.00	282.00
	苏丹草		13.25	51		6818.22	5867.25
	小黑麦		4.50	155		6964.18	0.02
	燕麦		43.60	119		51886.00	15525.00
	紫云英（非绿肥）		0.33	46		150.22	16.12
	其他一年生饲草		7.59	48	300.00	3919.50	1827.00
牧区半牧区			**83.33**	**58**	**2821.45**	**51396.10**	**7046.00**
		多年生	**33.29**	**29**	**2361.45**	**11977.95**	**1029.00**
	红豆草		0.02	50	0.03	7.53	
	红三叶		0.01	20		2.00	
	老芒麦		0.75	55		415.00	
	猫尾草		0.20	25		50.00	25.00
	柠条				208.00	208.00	208.00
	披碱草		7.45	53	622.50	4605.00	
	沙蒿				960.00	960.00	
	无芒雀麦		0.05	50	25.00	50.00	25.00
	羊草		2.42	12	41.00	337.00	57.00
	紫花苜蓿		22.19	21	338.92	5061.42	714.00
	其他多年生饲草		0.20	58	166.00	282.00	
		一年生	**50.05**	**78**	**460.00**	**39418.15**	**6017.00**
	箭筈豌豆		0.11	33	0.001	34.65	0.001
	毛苕子（非绿肥）		1.00	46	160.00	620.00	210.00
	苏丹草		11.90	50		5950.00	5200.00
	小黑麦		4.20	162		6804.00	
	燕麦		28.40	84		23830.00	
	其他一年生饲草		4.44	42	300.00	2179.50	607.00

3-4 全国及牧区半牧区分种类饲草种子生产情况（续）

单位：万亩、千克/亩、吨

区 域	饲草种类	饲草类型	种子田面积	平均产量	草场采种量	种子生产量	种子销售量
牧 区			**28.61**	**61**	**2401.90**	**19780.40**	**5957.00**
		多年生	**10.50**	**37**	**2101.90**	**5996.40**	**150.00**
	老芒麦		0.75	55		415.00	
	披碱草		4.45	49	622.50	2805.00	
	沙蒿				960.00	960.00	
	无芒雀麦		0.05	50	25.00	50.00	25.00
	紫花苜蓿		5.05	23	328.40	1484.40	125.00
	其他多年生饲草		0.20	58	166.00	282.00	
		一年生	**18.11**	**74**	**300.00**	**13784.00**	**5807.00**
	苏丹草		11.90	50		5950.00	5200.00
	燕麦		3.40	180		6120.00	
	其他一年生饲草		2.81	50	300.00	1714.00	607.00
半牧区			**54.72**	**57**	**419.55**	**31615.70**	**1089.00**
		多年生	**22.79**	**25**	**259.55**	**5981.55**	**879.00**
	红豆草		0.02	50	0.03	7.53	
	红三叶		0.01	20		2.00	
	猫尾草		0.20	25		50.00	25.00
	柠条				208.00	208.00	208.00
	披碱草		3.00	60		1800.00	
	羊草		2.42	12	41.00	337.00	57.00
	紫花苜蓿		17.14	21	10.52	3577.02	589.00
		一年生	**31.94**	**80**	**160.00**	**25634.15**	**210.00**
	箭筈豌豆		0.11	33	0.001	34.65	0.001
	毛苕子（非绿肥）		1.00	46	160.00	620.00	210.00
	小黑麦		4.20	162		6804.00	
	燕麦		25.00	71		17710.00	
	其他一年生饲草		1.63	29		465.50	

3–5　各地区分种类饲草种子生产情况

单位：万亩、千克/亩、吨

地　区	饲草种类	种子田面积	平均产量	草场采种量	种子生产量	种子销售量
合　计		**138.42**	**67**	**6207.0**	**98290.1**	**33202.5**
山　西		**0.25**	**203**		**506.5**	**500.0**
	燕麦	0.20	250		500.0	500.0
	紫花苜蓿	0.05	13		6.5	
内蒙古		**8.23**	**19**	**3569.9**	**5155.2**	**2012.0**
	冰草	0.27	4		10.8	
	柠条			208.0	208.0	208.0
	沙蒿			960.0	960.0	
	紫花苜蓿	7.96	20	2051.9	3626.4	1804.0
	其他多年生饲草			50.0	50.0	
	其他一年生饲草			300.0	300.0	
吉　林		**4.18**	**18**	**66.0**	**823.5**	**367.0**
	羊草	3.10	10	66.0	386.0	67.0
	紫花苜蓿	1.08	41	0.001	437.5	300.0
黑龙江		**0.44**	**34**	**5.0**	**151.5**	**0.001**
	羊草	0.22	30		66.0	
	紫花苜蓿	0.22	37	5.0	85.5	0.001
山　东		**0.75**	**23**		**172.5**	**125.0**
	紫花苜蓿	0.75	23		172.5	125.0
河　南		**0.06**	**63**		**35.3**	**16.1**
	串叶松香草	0.03	64		19.2	
	紫云英（非绿肥）	0.03	62		16.1	16.1

3-5 各地区分种类饲草种子生产情况（续）

单位：万亩、千克/亩、吨

地 区	饲草种类	种子田面积	平均产量	草场采种量	种子生产量	种子销售量
湖 北		**0.42**	**42**		**177.9**	**58.8**
	多花黑麦草	0.04	55		20.4	1.8
	多年生黑麦草	0.21	45		96.0	37.0
	红三叶	0.003	25		0.8	
	苏丹草	0.07	44		30.8	
	鸭茅	0.10	30		30.0	20.0
湖 南		**1.86**	**157**	**7.0**	**2918.0**	**689.3**
	狼尾草	0.30	600	5.0	1805.0	2.0
	苏丹草	1.28	65		837.4	667.3
	紫云英（非绿肥）	0.04	10		4.1	
	其他多年生饲草	0.09	150	2.0	129.5	10.0
	其他一年生饲草	0.15	95		142.0	10.0
海 南		**0.19**	**56**	**940.0**	**1047.0**	**801.4**
	柱花草	0.09	23		21.0	1.4
	其他多年生饲草	0.10	86	940.0	1026.0	800.0
四 川		**9.76**	**45**	**160.0**	**4552.0**	**1310.0**
	箭筈豌豆	0.02	100		20.0	
	老芒麦	0.75	55		415.0	
	毛苕子（非绿肥）	1.00	46	160.0	620.0	210.0
	披碱草	0.30	60		180.0	
	鸭茅	0.01	35		3.5	
	燕麦	0.95	65		620.0	
	其他一年生饲草	6.73	40		2693.5	1100.0

3-5　各地区分种类饲草种子生产情况（续）

单位：万亩、千克/亩、吨

地　区	饲草种类	种子田面积	平均产量	草场采种量	种子生产量	种子销售量
贵　州		**0.68**	**50**		**340.0**	**60.0**
	多花黑麦草	0.20	50		100.0	
	狼尾草	0.01	400		20.0	20.0
	雀稗	0.20	20		40.0	40.0
	紫云英（非绿肥）	0.26	50		130.0	
	其他多年生饲草	0.01	500		50.0	
云　南		**1.39**	**77**	**410.0**	**1480.0**	**802.0**
	狗尾草	0.23	36	150.0	233.0	20.0
	箭筈豌豆	0.06	120		72.0	
	狼尾草	0.02	20	260.0	264.0	
	毛苕子（非绿肥）	0.36	33		117.0	72.0
	木豆	0.02	120		24.0	
	其他一年生饲草	0.70	110		770.0	710.0
西　藏		**5.30**	**132**	**0.001**	**6994.8**	**0.02**
	箭筈豌豆	0.11	33	0.001	34.7	0.001
	小黑麦	4.45	154		6849.2	0.02
	燕麦	0.74	15		111.0	
陕　西		**2.70**	**25**	**50.0**	**714.5**	**185.0**
	黑麦	0.03	146		36.5	25.0
	沙打旺			40.0	40.0	20.0
	小冠花	0.20	25		50.0	50.0
	紫花苜蓿	2.47	23	10.0	588.0	90.0
甘　肃		**49.30**	**50**	**235.5**	**25039.3**	**6953.0**

3–5 各地区分种类饲草种子生产情况（续）

单位：万亩、千克/亩、吨

地 区	饲草种类	种子田面积	平均产量	草场采种量	种子生产量	种子销售量
	红豆草	1.38	52	100.0	821.7	150.0
	红三叶	0.01	20		2.0	
	箭筈豌豆	1.44	101		1452.5	1390.0
	猫尾草	0.20	25		50.0	25.0
	披碱草	3.00	46		1380.0	
	燕麦	7.30	171		12480.0	1000.0
	紫花苜蓿	35.98	24	135.5	8853.1	4388.0
青 海		**16.96**	**173**	**738.5**	**30161.0**	**14027.0**
	披碱草	4.15	58	622.5	3045.0	
	燕麦	12.60	213		26870.0	14020.0
	其他多年生饲草	0.20	58	116.0	232.0	
	其他一年生饲草	0.01	100		14.0	7.0
宁 夏		**34.42**	**51**	**0.001**	**17516.0**	**5271.0**
	苏丹草	11.90	50		5950.0	5200.0
	小黑麦	0.05	250		115.0	
	燕麦	21.80	52		11300.0	5.0
	紫花苜蓿	0.67	23	0.001	151.0	66.0
新 疆		**1.55**	**31**	**25.0**	**500.0**	**25.0**
	无芒雀麦	0.05	50	25.0	50.0	25.0
	紫花苜蓿	1.50	30		450.0	
新疆兵团		**0.01**	**100**		**5.0**	
	燕麦	0.01	100		5.0	

3-6　各地区牧区半牧区分种类饲草种子生产情况

单位：万亩、千克/亩、吨

地　区	饲草种类	种子田面积	平均产量	草场采种量	种子生产量	种子销售量
合　计		**83.33**	**58**	**2821.4**	**51396.1**	**7046.0**
内蒙古		**6.21**	**17**	**1846.9**	**2896.4**	**547.0**
	柠条			208.0	208.0	208.0
	沙蒿			960.0	960.0	
	紫花苜蓿	6.21	17	328.9	1378.4	339.0
	其他多年生饲草			50.0	50.0	
	其他一年生饲草			300.0	300.0	
吉　林		**3.28**	**20**	**41.0**	**708.5**	**357.0**
	羊草	2.20	10	41.0	271.0	57.0
	紫花苜蓿	1.08	41	0.001	437.5	300.0
黑龙江		**0.22**	**30**		**66.0**	
	羊草	0.22	30		66.0	
四　川		**7.18**	**47**	**160.0**	**3500.5**	**810.0**
	老芒麦	0.75	55		415.0	
	毛苕子（非绿肥）	1.00	46	160.0	620.0	210.0
	披碱草	0.30	60		180.0	
	燕麦	0.70	60		420.0	
	其他一年生饲草	4.43	42		1865.5	600.0
西　藏		**4.31**	**159**	**0.001**	**6838.7**	**0.001**
	箭筈豌豆	0.11	33	0.001	34.7	0.001

3-6 各地区牧区半牧区分种类饲草种子生产情况（续）

单位：万亩、千克/亩、吨

地　区	饲草种类	种子田面积	平均产量	草场采种量	种子生产量	种子销售量
	小黑麦	4.20	162		6804.0	
甘　肃		**22.13**	**62**	**10.0**	**13735.0**	**100.0**
	红豆草	0.02	50	0.03	7.5	
	红三叶	0.01	20		2.0	
	猫尾草	0.20	25		50.0	25.0
	披碱草	3.00	46		1380.0	
	燕麦	5.50	173		9500.0	
	紫花苜蓿	13.41	21	10.0	2795.5	75.0
青　海		**5.56**	**107**	**738.5**	**6701.0**	**7.0**
	披碱草	4.15	58	622.5	3045.0	
	燕麦	1.20	284		3410.0	
	其他多年生饲草	0.20	58	116.0	232.0	
	其他一年生饲草	0.01	100		14.0	7.0
宁　夏		**32.90**	**50**		**16450.0**	**5200.0**
	苏丹草	11.90	50		5950.0	5200.0
	燕麦	21.00	50		10500.0	
新　疆		**1.55**	**31**	**25.0**	**500.0**	**25.0**
	无芒雀麦	0.05	50	25.0	50.0	25.0
	紫花苜蓿	1.50	30		450.0	

3-7　各地区牧区分种类饲草种子生产情况

单位：万亩、千克/亩、吨

地　区	饲草种类	种子田面积	平均产量	草场采种量	种子生产量	种子销售量
合　计		**28.61**	**61**	**2401.9**	**19780.4**	**5957.0**
内蒙古		**3.55**	**20**	**1638.4**	**2344.4**	**125.0**
	沙蒿			960.0	960.0	
	紫花苜蓿	3.55	20	328.4	1034.4	125.0
	其他多年生饲草			50.0	50.0	
	其他一年生饲草			300.0	300.0	
四　川		**4.55**	**53**		**2415.0**	**600.0**
	老芒麦	0.75	55		415.0	
	披碱草	0.30	60		180.0	
	燕麦	0.70	60		420.0	
	其他一年生饲草	2.80	50		1400.0	600.0
甘　肃		**5.50**	**116**		**6380.0**	
	披碱草	3.00	46		1380.0	
	燕麦	2.50	200		5000.0	
青　海		**1.56**	**93**	**738.5**	**2191.0**	**7.0**
	披碱草	1.15	54	622.5	1245.0	
	燕麦	0.20	350		700.0	
	其他多年生饲草	0.20	58	116.0	232.0	
	其他一年生饲草	0.01	100		14.0	7.0
宁　夏		**11.90**	**50**		**5950.0**	**5200.0**
	苏丹草	11.90	50		5950.0	5200.0
新　疆		**1.55**	**31**	**25.0**	**500.0**	**25.0**
	无芒雀麦	0.05	50	25.0	50.0	25.0
	紫花苜蓿	1.50	30		450.0	

3-8 各地区半牧区分种类饲草种子生产情况

单位：万亩、千克/亩、吨

地 区	饲草种类	种子田面积	平均产量	草场采种量	种子生产量	种子销售量
合 计		**54.72**	**57**	**419.5**	**31615.7**	**1089.0**
内蒙古		**2.66**	**13**	**208.5**	**552.0**	**422.0**
	柠条			208.0	208.0	208.0
	紫花苜蓿	2.66	13	0.5	344.0	214.0
吉 林		**3.28**	**20**	**41.0**	**708.5**	**357.0**
	羊草	2.20	10	41.0	271.0	57.0
	紫花苜蓿	1.08	41	0.001	437.5	300.0
黑龙江		**0.22**	**30**		**66.0**	
	羊草	0.22	30		66.0	
四 川		**2.63**	**35**	**160.0**	**1085.5**	**210.0**
	毛苕子（非绿肥）	1.00	46	160.0	620.0	210.0
	其他一年生饲草	1.63	29		465.5	
西 藏		**4.31**	**159**	**0.001**	**6838.7**	**0.001**
	箭筈豌豆	0.11	33	0.001	34.7	0.001
	小黑麦	4.20	162		6804.0	
甘 肃		**16.63**	**44**	**10.0**	**7355.0**	**100.0**
	红豆草	0.02	50	0.03	7.5	
	红三叶	0.01	20		2.0	
	猫尾草	0.20	25		50.0	25.0
	燕麦	3.00	150		4500.0	
	紫花苜蓿	13.41	21	10.0	2795.5	75.0
青 海		**4.00**	**113**		**4510.0**	
	披碱草	3.00	60		1800.0	
	燕麦	1.00	271		2710.0	
宁 夏		**21.00**	**50**		**10500.0**	
	燕麦	21.00	50		10500.0	

第四部分

草 业 生 产 统 计

一、饲草种植与饲草种子生产情况

4-1　全国及牧区半牧区饲草种植与饲草种子生产情况

<table>
<tr><th colspan="2" rowspan="2">指　　标</th><th rowspan="2">单位</th><th rowspan="2">全国</th><th colspan="3">牧区半牧区</th></tr>
<tr><th>合计</th><th>牧区</th><th>半牧区</th></tr>
<tr><td colspan="2">人工种草
年末保留面积</td><td>万亩</td><td>13443</td><td>5698</td><td>2531</td><td>3167</td></tr>
<tr><td rowspan="3">人工种草
当年新增
面积</td><td>合计</td><td>万亩</td><td>7052</td><td>2679</td><td>976</td><td>1703</td></tr>
<tr><td>一年生</td><td>万亩</td><td>6078</td><td>2196</td><td>655</td><td>1541</td></tr>
<tr><td>多年生</td><td>万亩</td><td>974</td><td>483</td><td>321</td><td>162</td></tr>
<tr><td colspan="2">当年耕地种草面积</td><td>万亩</td><td>3142</td><td>845</td><td>284</td><td>561</td></tr>
<tr><td colspan="2">种子田面积</td><td>万亩</td><td>138</td><td>83</td><td>29</td><td>55</td></tr>
<tr><td rowspan="3">种子产量</td><td>合计</td><td>吨</td><td>98290</td><td>51396</td><td>19780</td><td>31616</td></tr>
<tr><td>多年生</td><td>吨</td><td>26079</td><td>11978</td><td>5996</td><td>5982</td></tr>
<tr><td>一年生</td><td>吨</td><td>72211</td><td>39418</td><td>13784</td><td>25634</td></tr>
</table>

4-2 各地区饲草种植与

地 区	人工种草 年末保留面积	人工种草当年新增面积		
		合计	一年生	多年生
合 计	**13443.4**	**7052.0**	**6077.7**	**974.2**
天 津	35.1	31.8	31.8	
河 北	391.0	326.9	313.1	13.8
山 西	218.4	149.5	136.6	12.9
内蒙古	3546.8	2065.3	1850.4	214.9
辽 宁	79.8	66.3	58.7	7.7
吉 林	198.8	83.6	71.8	11.8
黑龙江	238.2	140.1	133.2	7.0
江 苏	38.0	37.7	37.2	0.5
安 徽	101.5	100.6	94.7	5.9
福 建	18.4	12.6	11.5	1.1
江 西	48.5	35.4	30.5	4.8
山 东	183.0	177.2	174.1	3.1
河 南	169.5	157.6	152.6	5.0
湖 北	233.0	110.1	103.6	6.5
湖 南	250.1	120.1	103.4	16.7
广 东	44.0	26.6	18.0	8.6
广 西	60.8	27.4	17.5	10.0
海 南	2.9	0.1	0.01	0.1
重 庆	49.3	30.7	28.4	2.3
四 川	1238.0	577.9	522.3	55.6
贵 州	277.0	163.6	118.0	45.5
云 南	872.2	449.4	387.2	62.2
西 藏	144.5	109.6	94.3	15.4
陕 西	644.6	183.9	146.1	37.8
甘 肃	2266.8	828.6	606.2	222.4
青 海	513.8	254.2	192.7	61.5
宁 夏	679.8	226.7	204.2	22.5
新 疆	821.1	528.2	416.0	112.2
新疆兵团	33.0	16.5	11.1	5.4
黑龙江农垦	45.7	14.0	12.9	1.1

饲草种子生产情况

单位：万亩、吨

当年耕地种草面积	种子田面积	种子产量		
		合计	多年生	一年生
3142.3	**138.4**	**98290.1**	**26079.0**	**72211.1**
9.1				
174.1				
115.6	0.3	506.5	6.5	500.0
601.9	8.2	5155.2	4855.2	300.0
7.2				
29.3	4.2	823.5	823.5	
24.2	0.4	151.5	151.5	
32.2				
44.1				
9.8				
22.5				
151.5	0.8	172.5	172.5	
131.2	0.1	35.3	19.2	16.1
64.9	0.4	177.9	126.8	51.2
53.7	1.9	2918.0	1934.5	983.5
12.7				
18.1				
	0.2	1047.0	1047.0	
24.6				
297.6	9.8	4552.0	598.5	3953.5
134.1	0.7	340.0	110.0	230.0
357.0	1.4	1480.0	521.0	959.0
8.5	5.3	6994.8		6994.8
89.1	2.7	714.5	678.0	36.5
353.7	49.3	25039.3	11106.8	13932.5
107.3	17.0	30161.0	3277.0	26884.0
91.5	34.4	17516.0	151.0	17365.0
160.7	1.6	500.0	500.0	
9.7	0.01	5.0		5.0
6.1				

4-3 各地区牧区半牧区饲草

地　区	人工种草年末保留面积	人工种草当年新增面积		
		合计	一年生	多年生
合　计	**5697.9**	**2678.9**	**2196.1**	**482.8**
河　北	85.9	60.0	54.7	5.3
山　西	4.7	4.3	4.0	0.3
内蒙古	2743.1	1510.0	1313.6	196.4
辽　宁	30.3	22.6	16.3	6.3
吉　林	134.3	26.2	18.4	7.9
黑龙江	136.0	62.5	57.4	5.1
四　川	746.7	233.8	215.6	18.2
云　南	130.8	20.3	19.0	1.3
西　藏	97.9	83.5	78.3	5.3
甘　肃	612.6	264.6	164.4	100.2
青　海	388.4	148.7	88.4	60.3
宁　夏	244.6	68.4	66.2	2.2
新　疆	342.5	174.1	100.0	74.1

4-4 各地区牧区饲草种植

地　区	人工种草年末保留面积	人工种草当年新增面积		
		合计	一年生	多年生
合　计	**2531.2**	**975.7**	**655.1**	**320.6**
内蒙古	1183.4	465.2	318.5	146.7
黑龙江	23.5	10.7	9.0	1.7
四　川	367.8	72.1	66.1	6.0
西　藏	64.2	61.5	60.7	0.8
甘　肃	203.1	98.6	43.7	54.9
青　海	363.4	130.0	69.6	60.3
宁　夏	105.6	25.6	25.6	
新　疆	220.4	112.1	61.9	50.2

种植与饲草种子生产情况

单位：万亩、吨

当年耕地种草面积	种子田面积	种子产量		
		合计	多年生	一年生
844.9	**83.3**	**51396.1**	**11977.9**	**39418.2**
30.9				
1.0				
457.4	6.2	2896.4	2596.4	300.0
1.8				
4.5	3.3	708.5	708.5	
10.2	0.2	66.0	66.0	
101.1	7.2	3500.5	595.0	2905.5
17.6				
3.5	4.3	6838.7		6838.7
135.8	22.1	13735.0	4235.0	9500.0
26.8	5.6	6701.0	3277.0	3424.0
9.5	32.9	16450.0		16450.0
44.9	1.6	500.0	500.0	

与饲草种子生产情况

单位：万亩、吨

当年耕地种草面积	种子田面积	种子产量		
		合计	多年生	一年生
283.7	**28.6**	**19780.4**	**5996.4**	**13784.0**
187.4	3.6	2344.4	2044.4	300.0
9.0				
0.4	4.6	2415.0	595.0	1820.0
2.8				
32.3	5.5	6380.0	1380.0	5000.0
26.8	1.6	2191.0	1477.0	714.0
8.6	11.9	5950.0		5950.0
16.4	1.6	500.0	500.0	

4-5 各地区半牧区饲草种植

地区	人工种草年末保留面积	人工种草当年新增面积		
		合计	一年生	多年生
合计	**3166.7**	**1703.1**	**1541.0**	**162.1**
河北	85.9	60.0	54.7	5.3
山西	4.7	4.3	4.0	0.3
内蒙古	1559.7	1044.8	995.1	49.7
辽宁	30.3	22.6	16.3	6.3
吉林	134.3	26.2	18.4	7.9
黑龙江	112.5	51.8	48.4	3.4
四川	379.0	161.7	149.5	12.2
云南	130.8	20.3	19.0	1.3
西藏	33.8	22.0	17.6	4.4
甘肃	409.5	166.0	120.7	45.3
青海	25.1	18.7	18.7	
宁夏	139.0	42.8	40.6	2.2
新疆	122.1	61.9	38.1	23.9

与饲草种子生产情况

单位：万亩、吨

当年耕地种草面积	种子田面积	种子产量		
		合计	多年生	一年生
561.2	**54.7**	**31615.7**	**5981.5**	**25634.2**
30.9				
1.0				
270.0	2.7	552.0	552.0	
1.8				
4.5	3.3	708.5	708.5	
1.2	0.2	66.0	66.0	
100.7	2.6	1085.5		1085.5
17.6				
0.7	4.3	6838.7		6838.7
103.5	16.6	7355.0	2855.0	4500.0
	4.0	4510.0	1800.0	2710.0
0.9	21.0	10500.0		10500.0
28.5				

二、多年生饲草

4-6 2010—2019年全国分种类多年生

饲草种类	饲草类型	2010年	2011年	2012年	2013年
	合　计	**10601**	**11233**	**11454**	**11802**
	多年生草本	**9321.6**	**9224.2**	**9375.3**	**9714.1**
冰草		81.5	145.0	130.9	78.4
串叶松香草		5.2	5.8	7.5	4.8
多年生黑麦草		704.2	744.5	861.2	795.0
狗尾草（多年生）		39.3	41.3	42.9	47.3
狗牙根					
红豆草		179.9	271.9	269.4	270.9
胡枝子		9.9	5.4	8.7	1.5
碱茅		32.8	49.9	37.0	16.0
菊苣		66.3	71.5	65.6	61.3
聚合草		8.9	9.6	5.4	6.0
狼尾草（多年生）		70.6	173.5	62.8	243.4
老芒麦		194.5	164.7	353.4	430.9
罗顿豆					
猫尾草		13.9	13.7	11.4	11.7
牛鞭草		20.5	20.8	21.1	21.4
披碱草		491.9	516.1	724.4	853.7
旗草		3.9	7.5	1.3	12.4
雀稗		6.9	5.8	5.3	5.3
三叶草		439.8	366.5	456.8	355.1

生产情况

人工种草年末保留面积情况

单位：万亩

2014年	2015年	2016年	2017年	2018年	2019年
12053	**12143**	**11291**	**11447**	**9560**	**7366**
10258.7	**10192.7**	**10058.5**	**10214.4**	**8273.7**	**6268.1**
74.5	60.2	44.3	79.3	47.5	115.1
3.9	3.2	3.3	2.7	1.4	1.4
718.5	758.8	889.9	1775.4	602.6	468.8
51.9	50.6	52.9	66.1	60.6	38.4
0.01		0.2	0.4	0.3	2.4
314.4	314.9	302.6	296.6	147.6	138.0
2.5	16.5	15.6	0.5	0.8	0.3
8.0	35.3	28.8	12.0	22.7	15.9
59.1	72.3	60.2	53.8	48.3	35.3
4.9	5.2	1.3	3.7	2.3	0.5
300.5	338.3	335.9	286.3	218.8	150.2
397.0	359.4	191.8	270.3	279.7	212.0
					1.6
11.4	11.2	13.7	9.1	10.0	11.0
13.6	23.2	18.7	27.9	26.0	19.0
915.6	942.0	951.9	953.6	1246.9	808.5
13.8	18.5	20.9	29.2	11.6	6.3
2.0	2.2	2.2	9.8	7.5	7.4
394.1	417.3	447.2	208.2	159.5	120.7

4-6　2010-2019年全国分种类多年生

饲草种类	饲草类型	2010 年	2011 年	2012 年	2013 年
沙打旺		870.6	628.4	542.1	623.4
苇状羊茅		21.1	18.0	17.1	10.7
无芒雀麦		35.3	34.6	18.1	13.5
小冠花				0.7	
鸭茅		104.4	166.0	200.2	242.7
羊草		1021.7	995.5	543.0	384.8
羊柴		74.0	111.0	70.6	90.4
野豌豆		23.4	23.8	5.2	2.3
圆叶决明		0.6		0.04	
杂交酸模		0.9	0.8	0.57	0.7
早熟禾		5.4	13.1	6.4	
柱花草		7.1	7.6	5.2	5.6
紫花苜蓿		4122.8	4096.3	4543.2	4764.8
其他多年生饲草		664.3	515.6	357.8	360.1
	灌木半灌木	**1279.0**	**2008.5**	**2079.1**	**2087.9**
柠条		1055.9	1800.8	1795.9	1927.4
沙蒿		217.2	125.4	176.0	90.6
梭梭			76.0	98.3	60.1
银合欢		2.9	3.8	4.2	4.9
任豆					0.1
木豆		1.8	1.3	1.5	1.4
多花木蓝		1.2	1.2	3.2	3.4
木本蛋白饲料					

人工种草年末保留面积情况（续）

单位：万亩

2014年	2015年	2016年	2017年	2018年	2019年
617.2	526.7	504.3	278.6	120.3	86.9
8.0	4.2	4.4	8.9	4.9	4.6
12.8	15.5	12.8	29.6	4.6	6.7
0.8	0.1	0.1	0.2	0.5	0.6
239.2	266.9	324.4	225.5	163.9	138.5
420.0	382.2	232.5	135.2	126.3	165.0
79.2	51.7	116.1	70.6	72.5	5.0
0.5	0.2	0.2			
0.1			0.1		
0.2	0.4	0.4	0.4	0.1	0.5
4.7	4.9	4.9	1.5	25.4	0.08
5.8	5.0	5.2	5.1	2.0	3.5
4958.7	4992.0	4908.5	4805.8	4616.5	3477.7
625.8	513.8	563.3	568.0	242.6	226.3
1794.2	**1950.7**	**1362.8**	**1232.7**	**1285.8**	**1097.7**
1678.6	1854.2	1264.2	1038.8	1027.1	718.1
112.8	94.0	95.5	81.9	6.8	45.4
				236.1	318.2
1.7	0.5	0.6	0.3	1.1	1.3
0.1					
1.0	1.1	2.3	2.8	2.2	0.8
	0.9	0.2		4.9	3.9
			108.9	7.6	10.0

4-7 全国及牧区半牧区分种类多年生人工种草生产情况

单位：万亩、千克/亩、吨

区 域	饲草种类	年末保留面积	当年新增面积	干草平均产量	干草总产量	青贮量
全 国		**7365.7**	**974.2**	**519**	**38249582.6**	**5849509**
	白三叶	100.7	21.7	670	675156.6	54756
	冰草	115.1	15.5	420	483052.8	1
	串叶松香草	1.4	0.4	581	7872.9	2
	多花木蓝	3.9	0.1	509	19850.0	
	多年生黑麦草	468.8	68.7	904	4238278.6	314818
	狗尾草	38.4	3.9	1066	409029.5	14387
	狗牙根	2.4	0.5	957	23186.5	
	红豆草	138.0	18.2	448	618171.3	
	红三叶	20.0	0.6	491	97931.4	120
	胡枝子	0.3	0.02	1441	4900.0	
	碱茅	15.9	1.0	193	30704.0	
	菊苣	35.3	3.6	842	297082.2	6375
	聚合草	0.5	0.1	695	3765.0	
	狼尾草	150.2	46.4	2117	3180258.4	891790
	老芒麦	212.0	4.1	435	921477.3	320
	罗顿豆	1.6	1.3	1409	21839.5	
	猫尾草	11.0	7.1	628	68898.0	
	木本蛋白饲料	10.0	2.7	814	81510.5	63175
	木豆	0.8	0.3	957	7400.2	1
	柠条	718.1	27.1	129	929544.5	5565
	牛鞭草	19.0	1.0	1340	254228.0	1703
	披碱草	808.5	125.9	389	3141802.5	94799
	其他多年生饲草	226.3	47.1	1528	3457334.4	242565

4-7　全国及牧区半牧区分种类多年生人工种草生产情况（续）

单位：万亩、千克/亩、吨

区　域	饲草种类	年末保留面积	当年新增面积	干草平均产量	干草总产量	青贮量
	旗草	6.3	0.02	892	56383.0	
	雀稗	7.4	0.6	1140	83880.4	2019
	沙打旺	86.9	2.3	400	347461.2	2
	沙蒿	45.4	4.3	38	17400.0	
	梭梭	318.2	110.0	180	573530.0	
	苇状羊茅	4.6	0.4	1040	48288.4	
	无芒雀麦	6.7	0.7	205	13718.0	500
	小冠花	0.6	0.1	500	2750.0	
	鸭茅	138.5	14.3	690	954915.5	94407
	羊草	165.0	8.0	106	174915.8	8786
	羊柴	5.0		120	6000.0	
	银合欢	1.3	0.01	801	10215.3	
	杂交酸模	0.5	0.4	1900	8550.0	300
	早熟禾	0.1		600	480.0	
	柱花草	3.5	2.3	1069	37451.4	1371
	紫花苜蓿	3477.7	433.5	487	16940369.7	4051747
牧区半牧区		**3501.8**	**482.8**	**349**	**12223430.5**	**2948189**
	白三叶	6.6	2.0	1701	112823.7	10
	冰草	101.9	11.0	449	458000.8	1
	多年生黑麦草	63.0	6.4	1021	643627.7	1461
	狗尾草	2.5	0.8	560	14000.0	
	红豆草	10.1	1.2	453	45768.0	
	红三叶	0.5	0.1	700	3500.0	
	碱茅	14.9		183	27200.0	

4-7 全国及牧区半牧区分种类多年生人工种草生产情况（续）

单位：万亩、千克/亩、吨

区 域	饲草种类	年末保留面积	当年新增面积	干草平均产量	干草总产量	青贮量
	菊苣	13.6	0.2	835	113484.0	1
	老芒麦	193.4	4.0	444	857864.3	320
	猫尾草	10.6	7.1	600	63798.0	
	木本蛋白饲料	1.2	0.3	300	3600.0	
	柠条	576.7	25.0	124	717792.5	
	披碱草	758.3	123.2	389	2951118.1	92359
	其他多年生饲草	64.7	18.8	817	528492.0	1
	沙打旺	31.1	0.8	234	72705.0	2
	沙蒿	40.0	3.5	30	12000.0	
	梭梭	318.2	110.0	180	573530.0	
	无芒雀麦	3.0	0.1	150	4500.0	
	鸭茅	10.3	0.3	873	90301.2	
	羊草	129.6	4.6	111	143641.4	1000
	羊柴	5.0		120	6000.0	
	紫花苜蓿	1146.7	163.4	417	4779683.9	2853034
牧区		**1876.1**	**320.6**	**311**	**5830594.2**	**1861259**
	冰草	98.8	10.5	453	447479.8	1
	多年生黑麦草	0.4	0.4	900	3150.0	
	老芒麦	62.9	2.4	542	340963.8	
	柠条	300.6	2.0	107	320455.0	
	披碱草	662.7	114.2	361	2392851.9	60356
	其他多年生饲草	34.6	18.0	953	329472.0	
	沙打旺	3.7		195	7215.0	
	沙蒿	40.0	3.5	30	12000.0	

4–7　全国及牧区半牧区分种类多年生人工种草生产情况（续）

单位：万亩、千克/亩、吨

区　域	饲草种类	年末保留面积	当年新增面积	干草平均产量	干草总产量	青贮量
	梭梭	318.2	110.0	180	573530.0	
	无芒雀麦	3.0	0.1	150	4500.0	
	羊草	5.0	0.8	120	5964.0	
	紫花苜蓿	346.3	58.8	402	1393012.7	1800902
半牧区		**1625.7**	**162.1**	**393**	**6392836.3**	**1086930**
	白三叶	6.6	2.0	1701	112823.7	10
	冰草	3.1	0.4	343	10521.0	
	多年生黑麦草	62.7	6.0	1022	640477.7	1461
	狗尾草	2.5	0.8	560	14000.0	
	红豆草	10.1	1.2	453	45768.0	
	红三叶	0.5	0.1	700	3500.0	
	碱茅	14.9		183	27200.0	
	菊苣	13.6	0.2	835	113484.0	1
	老芒麦	130.5	1.6	396	516900.5	320
	猫尾草	10.6	7.1	600	63798.0	
	木本蛋白饲料	1.2	0.3	300	3600.0	
	柠条	276.1	23.0	144	397337.5	
	披碱草	95.6	9.0	584	558266.2	32003
	其他多年生饲草	30.1	0.8	662	199020.0	1
	沙打旺	27.4	0.8	239	65490.0	2
	鸭茅	10.3	0.3	873	90301.2	
	羊草	124.6	3.8	110	137677.4	1000
	羊柴	5.0		120	6000.0	
	紫花苜蓿	800.4	104.6	423	3386671.2	1052132

4-8 各地区分种类多年生人工种草生产情况

单位：万亩、千克/亩、吨

地 区	饲草种类	年末保留面积	当年新增面积	干草平均产量	干草总产量	青贮量
合 计		**7365.7**	**974.2**	**519**	**38249582.6**	**5849509**
天 津		**3.3**		**444**	**14690.0**	**33800**
	紫花苜蓿	3.3		444	14690.0	33800
河 北		**77.9**	**13.8**	**469**	**365473.9**	**97424**
	串叶松香草	0.04	0.03	900	360.0	
	老芒麦	2.6	0.9	306	7836.0	320
	披碱草	16.2	4.0	219	35612.0	3
	沙打旺	2.3	0.02	413	9510.0	2
	无芒雀麦	3.5	0.5	180	6372.0	
	紫花苜蓿	53.3	8.3	574	305783.9	97099
山 西		**81.8**	**12.9**	**562**	**459492.5**	**36028**
	多年生黑麦草	0.02		500	100.0	
	木本蛋白饲料	2.5		600	15000.0	
	柠条	2.6	1.0	358	9176.0	5565
	其他多年生饲草	1.1		651	7290.0	
	沙打旺	0.2	0.1	674	1011.0	
	紫花苜蓿	75.4	11.8	566	426915.5	30463
内蒙古		**1696.4**	**214.9**	**203**	**3439602.6**	**1051425**
	冰草	13.0	6.1	93	12086.8	
	老芒麦	7.0		83	5851.8	
	柠条	672.3	25.5	124	831017.5	
	披碱草	70.0	4.2	184	128767.2	
	其他多年生饲草	3.9	0.6	135	5252.0	1
	沙打旺	28.0	0.8	226	63195.0	
	沙蒿	40.0	3.5	30	12000.0	
	梭梭	318.2	110.0	180	573530.0	
	羊草	0.01		43	4.3	

4-8　各地区分种类多年生人工种草生产情况（续）

单位：万亩、千克/亩、吨

地区	饲草种类	年末保留面积	当年新增面积	干草平均产量	干草总产量	青贮量
	羊柴	5.0		120	6000.0	
	紫花苜蓿	539.1	64.3	334	1801898.0	1051424
辽　宁		**21.1**	**7.7**	**739**	**155996.9**	
	串叶松香草	0.02		1200	240.0	
	其他多年生饲草	0.02		1000	150.0	
	沙打旺	2.2	0.2	416	9270.0	
	羊草	0.02		500	75.0	
	紫花苜蓿	18.8	7.5	776	146261.9	
吉　林		**127.0**	**11.8**	**109**	**138534.4**	**8786**
	碱茅	11.0		70	7700.0	
	无芒雀麦	0.04		120	48.0	
	羊草	77.1	5.2	78	60001.1	8786
	紫花苜蓿	38.8	6.6	183	70785.3	
黑龙江		**105.0**	**7.0**	**191**	**200744.6**	**127**
	狗尾草	0.2	0.2	240	528.0	127
	披碱草	4.3	1.2	308	13219.8	
	沙打旺	0.002	0.002	560	11.2	
	羊草	63.4	2.7	144	91641.4	
	紫花苜蓿	37.0	2.9	257	95344.2	
江　苏		**0.8**	**0.5**	**898**	**7120.0**	**33**
	白三叶	0.5	0.3	500	2500.0	1
	串叶松香草	0.001		1000	10.0	2
	多年生黑麦草	0.2	0.1	1877	3285.0	10
	狗尾草	0.01		2500	125.0	
	菊苣	0.04	0.0	1081	454.0	20
	苇状羊茅	0.00		2500	75.0	
	紫花苜蓿	0.1	0.0	1001	671.0	

4–8 各地区分种类多年生人工种草生产情况（续）

单位：万亩、千克/亩、吨

地 区	饲草种类	年末保留面积	当年新增面积	干草平均产量	干草总产量	青贮量
安 徽		**6.9**	**5.9**	**692**	**47625.6**	**111620**
	白三叶	0.01	0.0	214	30.0	20
	多年生黑麦草	0.6	0.4	756	4186.0	180
	狗牙根	0.02	0.02	350	70.0	
	菊苣	1.1	0.6	440	4622.0	1070
	木本蛋白饲料	0.3	0.2	1550	4340.0	30
	牛鞭草	0.004	0.002	650	26.0	15
	其他多年生饲草	0.02	0.01	437	65.6	21
	紫花苜蓿	4.9	4.6	693	34286.0	110284
福 建		**6.9**	**1.1**	**2210**	**152058.3**	**6447**
	多年生黑麦草	1.1	0.1	2208	24176.8	1
	狗尾草	0.7	0.1	1093	7880.0	1500
	胡枝子	0.3		1500	4800.0	
	狼尾草	3.0	0.7	2738	81258.4	4495
	猫尾草	0.3		1500	5100.0	
	其他多年生饲草	0.3	0.1	2706	7603.1	251
	雀稗	1.0	0.02	1972	19800.0	200
	紫花苜蓿	0.2		960	1440.0	
江 西		**17.9**	**4.8**	**1533**	**274770.3**	**174330**
	白三叶	0.03	0.03	483	120.8	
	狗牙根	0.2	0.2	550	1116.5	
	菊苣	0.4	0.2	463	1620.0	
	狼尾草	15.4	4.4	1641	251913.0	174330
	其他多年生饲草	2.0		1000	20000.0	
山 东		**8.9**	**3.1**	**858**	**76241.5**	**60761**
	木本蛋白饲料	0.1	0.1	2778	2500.0	3500
	其他多年生饲草	0.3		706	1849.7	5787

4-8　各地区分种类多年生人工种草生产情况（续）

单位：万亩、千克/亩、吨

地　区	饲草种类	年末保留面积	当年新增面积	干草平均产量	干草总产量	青贮量
	紫花苜蓿	8.5	3.0	842	71891.8	51474
河　南		**16.9**	**5.0**	**772**	**130565.6**	**75578**
	白三叶	0.6		431	2583.0	
	串叶松香草	0.3	0.3	375	1125.0	
	多年生黑麦草	1.3	0.7	665	8434.0	6649
	狗尾草	0.03	0.03	200	68.0	
	红三叶	0.2		500	800.0	
	狼尾草	0.4	0.3	761	3050.0	
	木本蛋白饲料	5.0	1.6	939	46791.5	59645
	其他多年生饲草	0.1	0.1	1950	2047.5	950
	沙打旺	0.2		530	848.0	
	紫花苜蓿	8.9	2.0	728	64818.6	8334
湖　北		**129.4**	**6.5**	**772**	**999328.5**	**160350**
	白三叶	16.7	0.5	546	90925.0	3200
	多花木蓝	3.9	0.1	509	19850.0	
	多年生黑麦草	72.0	4.0	844	607618.5	126600
	狗尾草	2.0	0.1	870	17660.0	
	红三叶	11.5	0.3	454	52065.0	
	菊苣	0.6	0.2	1106	7080.0	
	狼尾草	0.8	0.2	1100	9130.0	
	木本蛋白饲料	0.2		200	400.0	
	其他多年生饲草	4.1	0.1	1254	50800.0	15000
	鸭茅	4.9	0.3	759	36940.0	
	早熟禾	0.1		600	480.0	
	紫花苜蓿	12.6	0.9	842	106380.0	15550
湖　南		**146.7**	**16.7**	**1038**	**1522954.5**	**127689**
	白三叶	3.3	1.9	1570	51010.0	845

4-8 各地区分种类多年生人工种草生产情况（续）

单位：万亩、千克/亩、吨

地 区	饲草种类	年末保留面积	当年新增面积	干草平均产量	干草总产量	青贮量
	串叶松香草	1.0		614	5960.0	
	多年生黑麦草	88.3	5.7	642	567330.0	11127
	狗尾草	4.2	0.1	1191	49900.0	5
	红豆草	0.9	0.9	2800	25200.0	
	胡枝子	0.02	0.02	500	100.0	
	碱茅	0.03	0.03	600	204.0	
	菊苣	0.3	0.1	500	1605.0	
	狼尾草	8.6	1.2	1183	101424.0	13606
	罗顿豆	1.6	1.3	1409	21839.5	
	木本蛋白饲料	0.2	0.02	2300	5060.0	
	牛鞭草	5.4	0.3	1355	73100.0	968
	其他多年生饲草	19.8	3.8	2562	506406.0	97598
	鸭茅	0.3		562	1630.0	200
	紫花苜蓿	12.9	1.4	869	112186.0	3340
广 东		**26.1**	**8.6**	**1986**	**517564.5**	**136556**
	多年生黑麦草	0.6	0.5	1245	7845.0	530
	狗尾草	0.8	0.2	920	6942.5	70
	狼尾草	21.4	5.8	2192	469808.0	135956
	其他多年生饲草	0.2		1400	2800.0	
	柱花草	3.0	2.1	990	30169.0	
广 西		**43.3**	**10.0**	**2362**	**1023357.1**	**306311**
	多年生黑麦草	1.7	0.7	1545	25809.8	2948
	狗尾草	2.8	0.5	2156	59360.0	7575
	菊苣	1.7	0.1	818	14258.5	
	狼尾草	30.2	6.6	2594	783599.3	285321
	其他多年生饲草	5.4	1.9	2311	123998.0	9097
	银合欢	1.3	0.01	801	10215.3	

4-8　各地区分种类多年生人工种草生产情况（续）

单位：万亩、千克/亩、吨

地　区	饲草种类	年末保留面积	当年新增面积	干草平均产量	干草总产量	青贮量
	柱花草	0.3	0.2	2000	6080.0	1370
	紫花苜蓿	0.01	0.01	302	36.2	
海　南		**2.9**	**0.1**	**2862**	**81905.6**	
	其他多年生饲草	2.7	0.1	2972	80765.6	
	柱花草	0.1	0.004	792	1140.0	
重　庆		**20.9**	**2.3**	**1126**	**235656.3**	**42271**
	白三叶	4.8	0.6	494	23579.8	
	串叶松香草	0.03	0.03	712	177.9	
	多年生黑麦草	5.5	0.5	947	51994.5	2010
	狗尾草	0.1	0.1	1189	1141.0	
	红三叶	3.9	0.05	522	20471.9	70
	菊苣	0.1	0.04	774	650.2	
	聚合草	0.2	0.003	735	1337.5	
	狼尾草	5.0	0.7	2464	123126.9	40190
	木本蛋白饲料	0.2	0.1	541	909.0	
	牛鞭草	0.2	0.02	1695	4067.1	
	其他多年生饲草	0.1	0.04	1116	736.5	
	苇状羊茅	0.03	0.02	700	238.0	
	鸭茅	0.1	0.02	1188	677.0	
	紫花苜蓿	0.8	0.1	829	6549.0	1
四　川		**715.7**	**55.6**	**672**	**4812594.2**	**120105**
	白三叶	22.4	7.5	982	220396.6	7086
	多年生黑麦草	90.5	17.7	1261	1141195.8	26964
	狗尾草	3.1	0.8	802	24670.0	
	狗牙根	2.2	0.3	1000	22000.0	
	红三叶	1.2	0.1	613	7274.5	
	碱茅	3.9		500	19500.0	

4-8 各地区分种类多年生人工种草生产情况（续）

单位：万亩、千克/亩、吨

地区	饲草种类	年末保留面积	当年新增面积	干草平均产量	干草总产量	青贮量
	菊苣	13.4	1.3	813	108759.7	5264
	聚合草	0.3	0.01	734	1907.5	
	狼尾草	35.7	12.4	2156	770591.5	25762
	老芒麦	184.3	2.6	456	840944.5	
	牛鞭草	7.1	0.5	1188	84211.4	720
	披碱草	298.0	3.8	340	1011935.0	
	其他多年生饲草	15.9	2.4	1510	240733.3	36886
	苇状羊茅	0.7	0.1	838	5574.2	
	鸭茅	3.1	0.3	981	30256.0	801
	杂交酸模	0.5	0.4	1900	8550.0	300
	紫花苜蓿	33.5	5.4	819	274094.4	16322
贵 州		**159.0**	**45.5**	**1233**	**1960459.6**	**210999**
	白三叶	12.4	3.6	656	81230.0	36044
	多年生黑麦草	69.0	23.0	1093	754502.2	123060
	菊苣	3.9	0.5	1311	50564.5	20
	狼尾草	18.3	7.8	2119	387761.0	43135
	牛鞭草	6.2	0.2	1486	92823.5	
	其他多年生饲草	20.3	3.0	1771	359011.4	2542
	雀稗	2.0	0.01	905	18170.6	19
	苇状羊茅	2.6	0.3	1161	30640.0	
	鸭茅	9.8	4.7	752	73760.8	6001
	柱花草	0.01	0.01	780	62.4	1
	紫花苜蓿	14.4	2.4	775	111933.2	177
云 南		**485.0**	**62.2**	**922**	**4470608.1**	**372455**
	白三叶	34.0	7.0	533	181147.9	7560
	多年生黑麦草	126.7	14.8	786	996363.1	14710

4-8　各地区分种类多年生人工种草生产情况（续）

单位：万亩、千克/亩、吨

地　区	饲草种类	年末保留面积	当年新增面积	干草平均产量	干草总产量	青贮量
	狗尾草	24.5	1.9	983	240720.0	2110
	菊苣	13.6	0.3	782	106058.4	1
	狼尾草	11.4	6.4	1740	198596.4	168995
	木豆	0.8	0.3	957	7400.2	1
	其他多年生饲草	98.9	13.4	1337	1322709.3	74402
	旗草	6.3	0.02	892	56383.0	
	雀稗	4.3	0.5	1056	45909.8	1800
	苇状羊茅	1.3	0.02	903	11761.2	
	无芒雀麦	0.1	0.1	2798	2798.0	500
	鸭茅	120.4	9.1	674	811651.7	87405
	紫花苜蓿	42.7	8.4	1145	489109.1	14971
西　藏		**50.2**	**15.4**	**648**	**325728.5**	**41071**
	多年生黑麦草	0.3		800	2496.0	
	老芒麦	4.5	0.7	273	12205.0	
	披碱草	21.5	5.8	467	100335.4	34441
	紫花苜蓿	24.0	9.0	879	210692.1	6630
陕　西		**498.5**	**37.8**	**529**	**2637176.3**	**2357**
	白三叶	0.9	0.3	432	4049.0	
	多年生黑麦草	5.1	0.1	462	23738.8	11
	红三叶	0.2	0.03	600	1320.0	50
	菊苣	0.2	0.2	588	1410.0	
	聚合草	0.1	0.1	520	520.0	
	木本蛋白饲料	0.4	0.4	780	2910.0	
	其他多年生饲草	4.0	0.04	401	16150.0	30
	沙打旺	26.6	1.2	529	140478.0	
	小冠花	0.6	0.1	500	2750.0	

4–8 各地区分种类多年生人工种草生产情况（续）

单位：万亩、千克/亩、吨

地　区	饲草种类	年末保留面积	当年新增面积	干草平均产量	干草总产量	青贮量
	羊草	0.03	0.03	250	75.0	
	紫花苜蓿	460.3	35.3	531	2443775.5	2266
甘　肃		**1660.7**	**222.4**	**498**	**8274390.2**	**560152**
	白三叶	5.2	0.04	338	17584.5	
	冰草	94.9	8.7	470	446176.0	
	多年生黑麦草	5.8	0.3	332	19203.1	18
	红豆草	130.4	16.7	434	566368.5	
	红三叶	3.0	0.1	533	16000.0	
	老芒麦	13.7		400	54640.0	
	猫尾草	10.6	7.1	600	63798.0	
	木本蛋白饲料	1.2	0.3	300	3600.0	
	柠条	43.3	0.6	207	89351.0	
	披碱草	93.7	50.1	264	247685.0	59205
	其他多年生饲草	17.0	1.6	2679	455806.4	
	沙打旺	27.5		449	123138.0	
	沙蒿	5.4	0.8	100	5400.0	
	紫花苜蓿	1209.1	136.0	510	6165639.7	500929
青　海		**321.1**	**61.5**	**590**	**1893054.2**	**1150**
	披碱草	288.3	43.1	521	1501113.0	1150
	其他多年生饲草	24.7	16.8	938	231640.0	
	紫花苜蓿	8.2	1.7	1964	160301.2	

4-8　各地区分种类多年生人工种草生产情况（续）

单位：万亩、千克/亩、吨

地　区	饲草种类	年末保留面积	当年新增面积	干草平均产量	干草总产量	青贮量
宁　夏		**475.7**	**22.5**	**366**	**1738956.0**	**116075**
	紫花苜蓿	475.7	22.5	366	1738956.0	116075
新　疆		**405.0**	**112.2**	**525**	**2127558.3**	**1963229**
	冰草	7.0	0.4	350	24430.0	1
	红豆草	5.9	0.5	356	21002.8	
	披碱草	16.5	13.7	624	102835.2	
	其他多年生饲草	4.8	3.0	340	16320.0	
	无芒雀麦	3.0	0.1	150	4500.0	
	紫花苜蓿	367.9	94.4	532	1958470.3	1963228
新疆兵团		**21.9**	**5.4**	**454**	**99644.4**	**14180**
	冰草	0.3	0.3	120	360.0	
	狗尾草	0.007	0.007	500	35.0	3000
	红豆草	0.8		700	5600.0	
	碱茅	1.0	1.0	330	3300.0	
	披碱草	0.1		300	300.0	
	其他多年生饲草	0.8		650	5200.0	
	紫花苜蓿	18.9	4.0	449	84849.4	11180
黑龙江农垦		**32.7**	**1.1**	**201**	**65730.3**	**18200**
	羊草	24.4		95	23119.0	
	紫花苜蓿	8.4	1.1	509	42611.3	18200

4–9 各地区紫花苜蓿人工种草生产情况

单位：万亩、千克/亩、吨

地 区	年末保留面积	当年新增面积	干草平均产量	干草总产量	青贮量
合 计	**3477.73**	**433.54**	**487**	**16940369.7**	**4051747**
天 津	3.31		444	14690.0	33800
河 北	53.27	8.33	574	305783.9	97099
山 西	75.44	11.80	566	426915.5	30463
内蒙古	539.06	64.30	334	1801898.0	1051424
辽 宁	18.84	7.46	776	146261.9	
吉 林	38.79	6.56	183	70785.3	
黑龙江	37.04	2.90	257	95344.2	
江 苏	0.07	0.04	1001	671.0	
安 徽	4.95	4.60	693	34286.0	110284
福 建	0.15		960	1440.0	
山 东	8.53	3.01	842	71891.8	51474
河 南	8.91	1.95	728	64818.6	8334
湖 北	12.63	0.85	842	106380.0	15550
湖 南	12.91	1.45	869	112186.0	3340
广 西	0.01	0.006	302	36.2	
重 庆	0.79	0.08	829	6549.0	1
四 川	33.48	5.45	819	274094.4	16322
贵 州	14.43	2.38	775	111933.2	177
云 南	42.71	8.36	1145	489109.1	14971
西 藏	23.96	8.97	879	210692.1	6630
陕 西	460.30	35.29	531	2443775.5	2266
甘 肃	1209.14	136.04	510	6165639.7	500929
青 海	8.16	1.70	1964	160301.2	
宁 夏	475.66	22.51	366	1738956.0	116075
新 疆	367.88	94.44	532	1958470.3	1963228
新疆兵团	18.94	3.97	448	84849.4	11180
黑龙江农垦	8.38	1.10	509	42611.3	18200

4-10　各地区多年生黑麦草人工种草生产情况

单位：万亩、千克/亩、吨

地　区	年末保留面积	当年新增面积	干草平均产量	干草总产量	青贮量
合　计	**468.76**	**68.70**	**904**	**4238279**	**314818**
山　西	0.02		500	100	
江　苏	0.18	0.13	1877	3285	10
安　徽	0.55	0.44	756	4186	180
福　建	1.10	0.13	2208	24177	1
河　南	1.27	0.66	665	8434	6649
湖　北	72.04	4.02	844	607619	126600
湖　南	88.32	5.74	642	567330	11127
广　东	0.63	0.47	1245	7845	530
广　西	1.67	0.74	1545	25810	2948
重　庆	5.49	0.50	947	51995	2010
四　川	90.49	17.68	1261	1141196	26964
贵　州	69.04	22.95	1093	754502	123060
云　南	126.74	14.83	786	996363	14710
西　藏	0.31		800	2496	
陕　西	5.14	0.12	462	23739	11
甘　肃	5.78	0.31	332	19203	18

4-11　各地区披碱草人工种草生产情况

单位：万亩、千克/亩、吨

地　区	年末保留面积	当年新增面积	干草平均产量	干草总产量	青贮量
合　计	**808.5**	**125.9**	**389**	**3141802.5**	**94799**
河　北	16.2	4.0	219	35612.0	3
内蒙古	70.0	4.2	184	128767.2	
黑龙江	4.3	1.2	308	13219.8	
四　川	298.0	3.8	340	1011935.0	
西　藏	21.5	5.8	467	100335.4	34441
甘　肃	93.7	50.1	264	247685.0	59205
青　海	288.3	43.1	521	1501113.0	1150
新　疆	16.5	13.7	624	102835.2	
新疆兵团	0.1	0.1	300	300.0	

4-12 各地区牧区半牧区分种类多年生人工种草生产情况

单位：万亩、千克/亩、吨

地 区	饲草种类	年末保留面积	当年新增面积	干草平均产量	干草总产量	青贮量
合 计		**3501.8**	**482.8**	**349**	**12223430.5**	**2948189**
河 北		**31.2**	**5.3**	**329**	**102686.0**	**325**
	老芒麦	1.6	0.9	310	4836.0	320
	披碱草	11.6	3.5	205	23740.0	3
	沙打旺	1.1	0.02	210	2310.0	2
	紫花苜蓿	16.9	0.9	425	71800.0	
山 西		**0.7**	**0.3**	**800**	**5600.0**	
	紫花苜蓿	0.7	0.3	800	5600.0	
内蒙古		**1429.5**	**196.4**	**210**	**2996125.3**	**1029801**
	冰草	10.4	6.1	106	11070.8	
	老芒麦	7.0		83	5833.8	
	柠条	576.7	25.0	124	717792.5	
	披碱草	69.8	4.2	184	128659.2	
	其他多年生饲草	3.9	0.6	135	5252.0	1
	沙打旺	28.0	0.8	226	63195.0	
	沙蒿	40.0	3.5	30	12000.0	
	梭梭	318.2	110.0	180	573530.0	
	羊柴	5.0		120	6000.0	
	紫花苜蓿	370.7	46.3	397	1472792.0	1029800
辽 宁		**14.0**	**6.3**	**720**	**100410.0**	
	沙打旺	2.0		360	7200.0	
	紫花苜蓿	12.0	6.3	780	93210.0	
吉 林		**115.9**	**7.9**	**106**	**122629.8**	**1000**
	碱茅	11.0		70	7700.0	

4-12　各地区牧区半牧区分种类多年生人工种草生产情况（续）

单位：万亩、千克/亩、吨

地　区	饲草种类	年末保留面积	当年新增面积	干草平均产量	干草总产量	青贮量
	羊草	68.2	1.9	77	52240.0	1000
	紫花苜蓿	36.7	6.0	171	62689.8	
黑龙江		**78.7**	**5.1**	**187**	**146921.2**	
	披碱草	4.3	1.2	308	13219.8	
	羊草	61.4	2.7	149	91401.4	
	紫花苜蓿	13.0	1.2	327	42300.0	
四　川		**531.1**	**18.2**	**464**	**2464351.5**	**3590**
	白三叶	6.6	2.0	1708	112720.0	10
	多年生黑麦草	14.1	6.1	1568	221072.0	1460
	狗尾草	2.5	0.8	560	14000.0	
	碱茅	3.9		500	19500.0	
	菊苣	0.7		1500	10200.0	
	老芒麦	184.3	2.6	456	840944.5	
	披碱草	298.0	3.8	340	1011935.0	
	其他多年生饲草	8.7	0.9	1497	130200.0	
	紫花苜蓿	12.3	2.1	841	103780.0	2120
云　南		**111.9**	**1.3**	**781**	**873739.8**	**3**
	白三叶	0.03	0.03	324	103.7	
	多年生黑麦草	48.9	0.3	864	422555.7	1
	菊苣	12.9	0.2	800	103284.0	1
	其他多年生饲草	26.8		600	160620.0	
	鸭茅	10.3	0.3	873	90301.2	
	紫花苜蓿	12.9	0.4	751	96875.3	1
西　藏		**19.7**	**5.3**	**531**	**104555.5**	**32001**

4–12 各地区牧区半牧区分种类多年生人工种草生产情况（续）

单位：万亩、千克/亩、吨

地 区	饲草种类	年末保留面积	当年新增面积	干草平均产量	干草总产量	青贮量
	老芒麦	0.5	0.5	1250	6250.0	
	披碱草	13.9	3.6	519	71951.0	32001
	紫花苜蓿	5.3	1.1	495	26354.5	
甘 肃		**448.2**	**100.2**	**447**	**2004655.8**	**70305**
	冰草	84.5	4.5	500	422500.0	
	红豆草	8.0	1.2	467	37376.0	
	红三叶	0.5	0.1	700	3500.0	
	猫尾草	10.6	7.1	600	63798.0	
	木本蛋白饲料	1.2	0.3	300	3600.0	
	披碱草	70.8	50.1	253	179255.0	59205
	紫花苜蓿	272.6	36.9	475	1294626.8	11100
青 海		**300.1**	**60.3**	**552**	**1656653.0**	**1150**
	披碱草	273.5	43.1	519	1419523.0	1150
	其他多年生饲草	24.7	16.8	938	231640.0	
	紫花苜蓿	1.9	0.5	289	5490.0	
宁 夏		**178.4**	**2.2**	**273**	**487298.0**	
	紫花苜蓿	178.4	2.2	273	487298.0	
新 疆		**242.5**	**74.1**	**477**	**1157804.7**	**1810014**
	冰草	7.0	0.4	350	24430.0	1
	红豆草	2.1		400	8392.0	
	披碱草	16.5	13.7	624	102835.2	
	其他多年生饲草	0.6	0.5	130	780.0	
	无芒雀麦	3.0	0.1	150	4500.0	
	紫花苜蓿	213.3	59.4	477	1016867.5	1810013

4-13　各地区牧区分种类多年生人工种草生产情况

单位：万亩、千克/亩、吨

地　区	饲草种类	年末保留面积	当年新增面积	干草平均产量	干草总产量	青贮量
合　计		**1876.1**	**320.6**	**311**	**5830594.2**	**1861259**
内蒙古		**864.9**	**146.7**	**198**	**1714780.0**	**800**
	冰草	10.3	6.0	107	11049.8	
	老芒麦	6.1		91	5563.8	
	柠条	300.6	2.0	107	320455.0	
	披碱草	66.8	4.2	191	127759.2	
	其他多年生饲草	3.4	0.1	78	2652.0	
	沙打旺	3.7		195	7215.0	
	沙蒿	40.0	3.5	30	12000.0	
	梭梭	318.2	110.0	180	573530.0	
	紫花苜蓿	115.9	20.9	565	654555.2	800
黑龙江		**14.5**	**1.7**	**238**	**34464.0**	
	羊草	5.0	0.8	120	5964.0	
	紫花苜蓿	9.5	0.9	300	28500.0	
四　川		**301.7**	**6.0**	**327**	**985624.0**	
	多年生黑麦草	0.4	0.4	900	3150.0	
	老芒麦	56.8	2.4	590	335400.0	
	披碱草	238.4	2.6	231	549674.0	
	其他多年生饲草	5.9	0.6	1600	94400.0	
	紫花苜蓿	0.2		1500	3000.0	

4-13 各地区牧区分种类多年生人工种草生产情况（续）

单位：万亩、千克/亩、吨

地 区	饲草种类	年末保留面积	当年新增面积	干草平均产量	干草总产量	青贮量
西 藏		**3.5**	**0.8**	**780**	**26975.5**	**1**
	披碱草	3.3	0.7	805	26630.5	1
	紫花苜蓿	0.2	0.2	230	345.0	
甘 肃		**159.5**	**54.9**	**391**	**624285.0**	**59305**
	冰草	84.5	4.5	500	422500.0	
	披碱草	70.6	50.0	253	178655.0	59205
	紫花苜蓿	4.3	0.4	534	23130.0	100
青 海		**293.7**	**60.3**	**560**	**1644428.0**	**1150**
	披碱草	267.1	43.1	527	1407298.0	1150
	其他多年生饲草	24.7	16.8	938	231640.0	
	紫花苜蓿	1.9	0.5	289	5490.0	
宁 夏		**80.0**		**110**	**87978.0**	
	紫花苜蓿	80.0		110	87978.0	
新 疆		**158.5**	**50.2**	**449**	**712059.7**	**1800003**
	冰草	4.0	0.04	350	13930.0	1
	披碱草	16.5	13.7	624	102835.2	
	其他多年生饲草	0.6	0.5	130	780.0	
	无芒雀麦	3.0	0.1	150	4500.0	
	紫花苜蓿	134.4	35.9	439	590014.5	1800002

4-14　各地区半牧区分种类多年生人工种草生产情况

单位：万亩、千克/亩、吨

地　区	饲草种类	年末保留面积	当年新增面积	干草平均产量	干草总产量	青贮量
合　计		**1625.7**	**162.1**	**393**	**6392836.3**	**1086930**
河　北		**31.2**	**5.3**	**329**	**102686.0**	**325**
	老芒麦	1.6	0.9	310	4836.0	320
	披碱草	11.6	3.5	205	23740.0	3
	沙打旺	1.1	0.02	210	2310.0	2
	紫花苜蓿	16.9	0.9	425	71800.0	
山　西		**0.7**	**0.3**	**800**	**5600.0**	
	紫花苜蓿	0.7	0.3	800	5600.0	
内蒙古		**564.6**	**49.7**	**227**	**1281345.3**	**1029001**
	冰草	0.1	0.1	30	21.0	
	老芒麦	0.9		30	270.0	
	柠条	276.1	23.0	144	397337.5	
	披碱草	3.0		30	900.0	
	其他多年生饲草	0.5	0.5	520	2600.0	1
	沙打旺	24.3	0.8	230	55980.0	
	羊柴	5.0		120	6000.0	
	紫花苜蓿	254.8	25.4	321	818236.8	1029000
辽　宁		**14.0**	**6.3**	**720**	**100410.0**	
	沙打旺	2.0		360	7200.0	
	紫花苜蓿	12.0	6.3	780	93210.0	
吉　林		**115.9**	**7.9**	**106**	**122629.8**	**1000**
	碱茅	11.0		70	7700.0	

4-14 各地区半牧区分种类多年生人工种草生产情况（续）

单位：万亩、千克/亩、吨

地 区	饲草种类	年末保留面积	当年新增面积	干草平均产量	干草总产量	青贮量
	羊草	68.2	1.9	77	52240.0	1000
	紫花苜蓿	36.7	6.0	171	62689.8	
黑龙江		**64.2**	**3.4**	**175**	**112457.2**	
	披碱草	4.3	1.2	308	13219.8	
	羊草	56.5	1.9	151	85437.4	
	紫花苜蓿	3.5	0.3	400	13800.0	
四 川		**229.5**	**12.2**	**644**	**1478727.5**	**3590**
	白三叶	6.6	2.0	1708	112720.0	10
	多年生黑麦草	13.7	5.7	1585	217922.0	1460
	狗尾草	2.5	0.8	560	14000.0	
	碱茅	3.9		500	19500.0	
	菊苣	0.7		1500	10200.0	
	老芒麦	127.5	0.2	396	505544.5	
	披碱草	59.6	1.2	775	462261.0	
	其他多年生饲草	2.8	0.3	1279	35800.0	
	紫花苜蓿	12.1	2.1	830	100780.0	2120
云 南		**111.9**	**1.3**	**781**	**873739.8**	**3**
	白三叶	0.03	0.03	324	103.7	
	多年生黑麦草	48.9	0.3	864	422555.7	1
	菊苣	12.9	0.2	800	103284.0	1
	其他多年生饲草	26.8		600	160620.0	

4-14　各地区半牧区分种类多年生人工种草生产情况（续）

单位：万亩、千克/亩、吨

地　区	饲草种类	年末保留面积	当年新增面积	干草平均产量	干草总产量	青贮量
	鸭茅	10.3	0.3	873	90301.2	
	紫花苜蓿	12.9	0.4	751	96875.3	1
西　藏		**16.2**	**4.4**	**478**	**77580.0**	**32000**
	老芒麦	0.5	0.5	1250	6250.0	
	披碱草	10.6	2.9	430	45320.5	32000
	紫花苜蓿	5.2	1.0	503	26009.5	
甘　肃		**288.8**	**45.3**	**478**	**1380370.8**	**11000**
	红豆草	8.0	1.2	467	37376.0	
	红三叶	0.5	0.1	700	3500.0	
	猫尾草	10.6	7.1	600	63798.0	
	木本蛋白饲料	1.2	0.3	300	3600.0	
	披碱草	0.2	0.1	300	600.0	
	紫花苜蓿	268.2	36.5	474	1271496.8	11000
青　海		**6.4**		**193**	**12225.0**	
	披碱草	6.4		193	12225.0	
宁　夏		**98.4**	**2.2**	**406**	**399320.0**	
	紫花苜蓿	98.4	2.2	406	399320.0	
新　疆		**84.0**	**23.9**	**530**	**445745.0**	**10011**
	冰草	3.0	0.4	350	10500.0	
	红豆草	2.1		400	8392.0	
	紫花苜蓿	79.0	23.5	541	426853.0	10011

三、一年生饲草

4-15　2010—2019 年全国分种类

饲草种类	饲草类型	2010 年	2011 年	2012 年	2013 年
	合　计	**6813.8**	**6981.1**	**6493.3**	**6886.7**
	一年生草本	**2659.2**	**2846.1**	**2317.6**	**2339.4**
稗		7.3	5.6	3.4	1.3
草高粱		13.3	8.2	6.5	
草谷子		169.7	315.2	270.8	221.2
草木犀		66.4	77.2	64.7	49.1
南苜蓿		36.0	1.3	1.1	0.6
大麦		82.6	67.4	49.7	49.7
黑麦		0.2	84.6	24.0	23.5
多花黑麦草		956.1	1000.0	866.4	854.8
高粱苏丹草杂交种		57.1	85.9	77.1	60.3
高粱		0.4	2.0	8.0	
狗尾草(一年生)		5.0	0.6	1.0	1.1
谷稗		12.2	16.3	15.0	10.5
谷子		0.6		1.1	
光叶紫花苕		22.2	22.2	1.3	8.3
箭筈豌豆		71.5	123.9	94.8	84.3
苦荬菜		15.4	10.1	7.7	6.3

生产情况

一年生饲草种植情况

单位：万亩

2014 年	2015 年	2016 年	2017 年	2018 年	2019 年
7169.6	**7457.4**	**6523.7**	**6699.4**	**6819.1**	**6077.7**
2470.5	**2249.9**	**2176.1**	**2016.6**	**2043.1**	**1622.7**
2.3	3.1	0.4	0.6	0.3	0.3
185.0	189.5	149.7	122.2	90.7	34.4
39.6	32.4	64.4	32.8	31.6	37.2
3.8	0.4				
40.0	25.5	46.0	32.9	55.7	38.0
12.9	23.0	17.3	33.0	27.0	21.4
829.4	810.6	690.9	583.9	392.6	396.3
78.7	69.2	56.8			
1.1	0.8	0.3			
7.3	0.8	0.2			
62.1	59.3	52.2	55.5	44.3	33.3
18.2	6.1	3.7	3.1	3.5	1.0

4-15 2010—2019年全国分种类

饲草种类	饲草类型	2010 年	2011 年	2012 年	2013 年
狼尾草（一年生）		15.9	15.1	14.8	8.4
马唐				1.0	0.5
毛苕子 (非绿肥)		346.1	260.3	85.4	118.0
墨西哥类玉米		72.0	61.7	48.6	57.7
青莜麦		98.3	203.3	145.6	152.8
山黧豆		1.0	3.0	74.1	
苏丹草		94.6	87.2	0.5	55.1
小黑麦		11.1	23.5	20.6	18.2
籽粒苋		62.2	53.7	36.9	23.6
紫云英（非绿肥）		64.2	53.8	36.8	54.5
其他一年生饲草		378.0	264.0	360.9	479.6
	饲用作物	**4154.5**	**4135.0**	**4175.8**	**4547.3**
青饲、青贮高粱		104.0	95.0	186.3	253.7
青贮玉米		3467.9	3374.8	3207.5	3553.4
燕麦		262.2	370.2	402.7	383.9
饲用甘蓝		0.3	0.3	0.1	0.9
饲用块根块茎作物		308.1	264.8	365.5	348.9
饲用青稞		12.1	29.8	13.6	6.5

一年生饲草种植情况（续）

单位：万亩

2014 年	2015 年	2016 年	2017 年	2018 年	2019 年
8.0	7.3	1.8			
0.5	0.3	0.1	0.6	0.2	
319.4	367.0	275.6	193.7	160.0	156.0
43.3	79.5	39.8	129.4	466.3	303.7
162.2	234.8	187.9	148.4	135.8	78.8
50.1	63.2	58.5	52.0	41.6	39.3
19.0	19.5	15.5	22.6	36.8	33.8
14.8	13.5	6.8	10.0	7.6	7.5
28.3	24.4	26.3	53.2	42.6	30.8
544.4	219.6	481.9	542.7	506.5	411.0
4699.1	**5207.5**	**4347.5**	**4682.9**	**4776.0**	**4455.1**
220.6	223.0	159.6	361.7	133.3	116.0
3605.3	4075.3	3402.6	3462.8	3871.8	3663.2
462.4	571.7	503.7	629.9	566.8	533.7
		2.8	2.5	2.2	2.7
361.6	284.1	246.2	213.0	188.3	127.7
49.2	53.5	32.6	12.9	13.6	11.8

4–16 全国及牧区半牧区分种类一年生饲草生产情况

单位：万亩、千克/亩、吨

区 域	饲草种类	当年种草面积	干草平均产量	干草总产量	青贮量
全 国		**6077.7**	**1078**	**65523686.3**	**203390561**
	稗	0.3	1500	3750.0	
	草谷子	34.4	282	97093.1	962
	草木樨	37.2	204	75840.0	10451
	大麦	38.0	640	243096.1	96228
	黑麦	21.4	1074	229744.2	51105
	多花黑麦草	396.3	1145	4538798.2	5397913
	箭筈豌豆	33.3	695	231137.1	7622
	苦荬菜	1.0	598	5749.3	512
	毛苕子（非绿肥）	156.0	896	1398396.6	7830
	墨西哥类玉米	303.7	1051	3192994.9	2878392
	青莜麦	78.8	253	199658.4	2001
	青贮青饲高粱	116.0	1114	1292448.4	808522
	青贮玉米	3663.2	1220	44678465.5	192615710
	饲用甘蓝	2.7	684	18505.0	
	饲用块根块茎作物	127.7	1050	1340417.1	153163
	饲用青稞	11.8	403	47416.2	1054
	苏丹草	39.3	1069	420032.8	55588
	小黑麦	33.8	753	254348.1	30890
	燕麦	533.7	590	3148280.8	866700
	籽粒苋	7.5	604	45149.4	9720
	紫云英（非绿肥）	30.8	951	292692.5	11302
	其他一年生饲草	411.0	917	3769672.6	384896
牧区半牧区		**2196.1**	**978**	**21468682.4**	**16462747**

4-16　全国及牧区半牧区分种类一年生饲草生产情况（续）

单位：万亩、千克/亩、吨

区　域	饲草种类	当年种草面积	干草平均产量	干草总产量	青贮量
	草谷子	17.8	209	37201.4	1
	草木犀	7.0	531	37010.0	408
	大麦	4.9	476	23113.5	64656
	多花黑麦草	1.5	1938	28200.0	
	箭筈豌豆	5.6	2024	112690.6	
	毛苕子（非绿肥）	87.3	1116	974750.0	7830
	墨西哥类玉米	161.9	1082	1751300.0	22500
	青莜麦	47.5	123	58370.9	1
	青贮青饲高粱	11.2	924	103785.2	90000
	青贮玉米	1216.0	1155	14047650.0	15786071
	饲用块根块茎作物	15.3	908	139045.0	4010
	饲用青稞	11.7	402	46913.2	1054
	苏丹草	12.9	345	44380.0	
	小黑麦	17.6	693	122047.5	20000
	燕麦	357.7	551	1972330.0	454487
	其他一年生饲草	220.5	893	1969895.1	11729
牧区		**655.1**	**938**	**6147150.8**	**1967613**
	草谷子	5.5	161	8854.4	
	草木犀	3.2	650	20800.0	
	多花黑麦草	0.7	2300	16790.0	
	箭筈豌豆	0.5	418	1882.0	
	毛苕子（非绿肥）	6.7	500	33500.0	
	墨西哥类玉米	71.9	1076	772900.0	7500
	青莜麦	15.5	165	25542.9	

4–16 全国及牧区半牧区分种类一年生饲草生产情况（续）

单位：万亩、千克/亩、吨

区 域	饲草种类	当年种草面积	干草平均产量	干草总产量	青贮量
	青贮玉米	232.5	1416	3292729.7	1679105
	饲用青稞	7.2	349	25105.2	1054
	苏丹草	11.9	340	40460.0	
	小黑麦	13.3	857	113940.0	20000
	燕麦	181.9	562	1023190.6	249095
	其他一年生饲草	104.4	739	771456.1	10859
半牧区		**1541.0**	**994**	**15321531.5**	**14495134**
	草谷子	12.3	231	28347.0	1
	草木犀	3.8	430	16210.0	408
	大麦	4.9	476	23113.5	64656
	多花黑麦草	0.7	1574	11410.0	
	箭筈豌豆	5.1	2165	110808.6	
	毛苕子（非绿肥）	80.6	1168	941250.0	7830
	墨西哥类玉米	90.0	1087	978400.0	15000
	青莜麦	32.0	103	32828.0	1
	青贮青饲高粱	11.2	924	103785.2	90000
	青贮玉米	983.5	1094	10754920.3	14106966
	饲用块根块茎作物	15.3	908	139045.0	4010
	饲用青稞	4.5	487	21808.0	
	苏丹草	1.0	400	3920.0	
	小黑麦	4.3	188	8107.5	
	燕麦	175.7	540	949139.4	205392
	其他一年生饲草	116.1	1032	1198439.0	870

4-17　各地区分种类一年生饲草生产情况

单位：万亩、千克/亩、吨

地　区	饲草种类	当年种草面积	干草平均产量	干草总产量	青贮量
合　计		**6077.7**	**1078**	**65523686.3**	**203390561**
天　津		**31.8**	**707**	**224970.0**	**747768**
	青贮玉米	31.1	718	222945.0	743318
	燕麦	0.7	277	2025.0	4450
河　北		**313.1**	**967**	**3027211.0**	**7871184**
	草谷子	0.0	100	11.0	1
	草木犀	1.8	208	3740.0	2
	青莜麦	0.2	350	700.0	
	青贮青饲高粱	1.7	581	9869.0	816
	青贮玉米	307.7	977	3006219.0	7866883
	燕麦	1.7	393	6672.0	3482
山　西		**136.6**	**1326**	**1811397.6**	**1299834**
	草谷子	0.7	337	2360.0	
	黑麦	0.1	600	480.0	
	箭筈豌豆	1.1	282	3100.0	
	墨西哥类玉米	0.0	1800	540.0	1200
	青莜麦	3.1	335	10457.5	2000
	青贮青饲高粱	0.7	663	4386.0	736
	青贮玉米	117.9	1393	1642774.0	1245694
	燕麦	8.2	322	26300.0	
	其他一年生饲草	4.8	2521	121000.0	50204
内蒙古		**1850.4**	**925**	**17119487.9**	**15937861**
	草谷子	12.3	185	22804.4	961
	大麦	15.0	191	28600.0	1
	墨西哥类玉米	277.4	1031	2859800.0	2786500

4-17 各地区分种类一年生饲草生产情况（续）

单位：万亩、千克/亩、吨

地区	饲草种类	当年种草面积	干草平均产量	干草总产量	青贮量
	青莜麦	65.5	135	88370.9	1
	青贮青饲高粱	26.6	410	109030.0	49270
	青贮玉米	1225.1	1040	12735978.3	13012179
	饲用甘蓝	0.0	100	5.0	
	饲用块根块茎作物	24.3	1247	302900.0	
	燕麦	97.9	559	547054.3	69529
	籽粒苋	0.5	650	3380.0	9360
	其他一年生饲草	105.9	398	421565.0	10060
辽 宁		**58.7**	**1612**	**945976.5**	**1037602**
	青贮青饲高粱	0.8	2896	22505.2	
	青贮玉米	57.9	1595	923451.3	1037602
	苏丹草	0.0	1000	20.0	
吉 林		**71.8**	**1719**	**1235007.0**	**916148**
	大麦	0.8	940	7238.0	64655
	苦荬菜	0.0	1000	100.0	
	青贮玉米	69.0	1755	1211719.0	850993
	饲用块根块茎作物	0.5	1000	5000.0	
	燕麦	1.5	710	10650.0	500
	籽粒苋	0.0	1000	300.0	
黑龙江		**133.2**	**1021**	**1359266.1**	**3249496**
	草木犀	19.0	19	3610.0	10000
	青贮玉米	112.7	1183	1333606.1	3221596
	燕麦	1.5	1521	22050.0	17900
江 苏		**37.2**	**2094**	**778246.8**	**167611**
	大麦	5.0	2500	125000.0	

4-17　各地区分种类一年生饲草生产情况（续）

单位：万亩、千克/亩、吨

地　区	饲草种类	当年种草面积	干草平均产量	干草总产量	青贮量
	黑麦	0.0	2489	672.0	20
	多花黑麦草	1.5	1182	18033.0	4243
	墨西哥类玉米	0.0	1800	108.0	135
	青贮青饲高粱	0.0	3000	1380.0	
	青贮玉米	25.6	2269	580817.6	146962
	饲用块根块茎作物	0.8	2400	19200.0	
	苏丹草	0.2	1270	3111.3	2045
	其他一年生饲草	3.9	765	29925.0	14206
安　徽		**94.7**	**1268**	**1199980.6**	**878076**
	大麦	2.0	584	11710.0	16501
	黑麦	0.1	753	836.0	
	多花黑麦草	10.5	818	85980.6	20032
	苦荬菜	0.5	453	2405.0	62
	墨西哥类玉米	1.1	1302	13892.0	3201
	青贮青饲高粱	6.6	1196	78634.0	60530
	青贮玉米	70.0	1377	964103.0	773625
	饲用块根块茎作物	0.2	1200	2160.0	
	苏丹草	1.6	1828	29430.0	4125
	小黑麦	1.4	495	7078.0	
	紫云英（非绿肥）	0.6	588	3752.0	
福　建		**11.5**	**1649**	**190400.0**	**5021572**
	稗	0.2	1500	3450.0	
	黑麦	0.2	514	1080.0	25
	多花黑麦草	1.8	1993	36786.0	5000801
	墨西哥类玉米	0.3	1730	5950.5	373

4-17 各地区分种类一年生饲草生产情况（续）

单位：万亩、千克/亩、吨

地 区	饲草种类	当年 种草面积	干草 平均产量	干草 总产量	青贮量
	青贮玉米	0.8	2655	21182.9	19971
	小黑麦	0.6	3000	17250.0	
	紫云英（非绿肥）	7.1	1450	102818.5	402
	其他一年生饲草	0.5	415	1882.1	
江 西		**30.5**	**1007**	**307268.6**	**81738**
	多花黑麦草	21.2	1116	236535.5	37447
	墨西哥类玉米	0.5	857	4154.2	2400
	青贮青饲高粱	1.2	794	9670.1	7921
	青贮玉米	3.1	831	26010.0	30020
	苏丹草	2.0	874	17653.8	3350
	籽粒苋	0.2	400	920.0	
	紫云英（非绿肥）	1.2	506	5995.0	600
	其他一年生饲草	1.1	595	6330.0	
山 东		**174.1**	**869**	**1512162.0**	**3948992**
	草木犀	0.0	1000	100.0	
	墨西哥类玉米	0.0	1300	39.0	122
	青贮玉米	171.8	868	1492018.7	3888498
	苏丹草	0.0	660	6.6	
	燕麦	0.3	599	1918.0	5375
	其他一年生饲草	1.9	937	18079.8	54997
河 南		**152.6**	**947**	**1444614.8**	**3269468**
	草木犀	0.2	200	400.0	
	大麦	0.2	700	1260.0	3720
	黑麦	0.2	727	1745.6	398
	墨西哥类玉米	0.0	500	100.0	

4-17　各地区分种类一年生饲草生产情况（续）

单位：万亩、千克/亩、吨

地　区	饲草种类	当年种草面积	干草平均产量	干草总产量	青贮量
	青贮青饲高粱	0.6	1960	11563.5	28270
	青贮玉米	146.9	955	1402421.7	3236860
	籽粒苋	0.0	2000	800.0	200
	紫云英（非绿肥）	4.4	599	26270.0	20
	其他一年生饲草	0.0	900	54.0	
湖　北		**103.6**	**1628**	**1686470.0**	**876860**
	大麦	2.1	917	19250.0	5900
	黑麦	2.6	1283	33095.0	2650
	多花黑麦草	45.3	1325	600032.5	34600
	苦荬菜	0.2	1000	2000.0	
	墨西哥类玉米	2.8	2384	67357.5	25450
	青贮青饲高粱	7.3	2287	165810.0	86700
	青贮玉米	27.9	2011	560130.0	684100
	饲用块根块茎作物	0.4	1000	4000.0	
	苏丹草	6.4	2138	135760.0	34060
	小黑麦	0.4	1079	3775.0	
	燕麦	0.4	600	2160.0	1400
	紫云英（非绿肥）	3.7	773	28600.0	
	其他一年生饲草	4.3	1493	64500.0	2000
湖　南		**103.4**	**1389**	**1435788.5**	**1353771**
	黑麦	4.1	1341	55108.0	17350
	多花黑麦草	12.7	1475	187005.0	17061
	箭筈豌豆	0.3	120	396.0	
	苦荬菜	0.0	800	160.0	
	墨西哥类玉米	5.0	1444	72236.5	42884

4-17 各地区分种类一年生饲草生产情况（续）

单位：万亩、千克/亩、吨

地 区	饲草种类	当年种草面积	干草平均产量	干草总产量	青贮量
	青贮青饲高粱	4.2	734	30994.0	50550
	青贮玉米	34.8	1244	433340.4	1192402
	饲用块根块茎作物	1.1	1152	12440.0	
	苏丹草	10.0	1129	112825.6	2034
	小黑麦	1.4	1152	15780.0	10210
	燕麦	0.2	519	1001.0	
	紫云英（非绿肥）	8.2	1184	96831.0	10230
	其他一年生饲草	21.4	1955	417671.0	11050
广 东		**18.0**	**1093**	**196253.8**	**20287**
	黑麦	6.9	1191	81600.0	
	多花黑麦草	8.4	978	82456.8	6287
	墨西哥类玉米	1.3	1505	19430.0	600
	青贮玉米	0.7	1246	9220.0	13400
	小黑麦	0.1	900	522.0	
	紫云英（非绿肥）	0.5	528	2800.0	
	其他一年生饲草	0.1	425	225.0	
广 西		**17.5**	**1357**	**236772.8**	**4077430**
	黑麦	0.1	600	378.0	1000
	多花黑麦草	4.9	1024	50613.0	3410
	毛苕子（非绿肥）	0.3	268	705.8	
	墨西哥类玉米	0.7	1207	8532.6	6365
	青贮青饲高粱	0.0	900	369.0	
	青贮玉米	9.8	1550	151291.1	4062788
	苏丹草	0.01	700	84.0	
	紫云英（非绿肥）	0.01	780	78.0	50

4-17　各地区分种类一年生饲草生产情况（续）

单位：万亩、千克/亩、吨

地　区	饲草种类	当年种草面积	干草平均产量	干草总产量	青贮量
	其他一年生饲草	1.6	1500	24721.3	3817
海　南		**0.005**	**1200**	**60.0**	**100**
	青贮青饲高粱	0.005	1200	60.0	100
重　庆		**28.4**	**942**	**267266.0**	**186737**
	黑麦	0.2	1188	2517.6	592
	多花黑麦草	8.4	1213	102173.0	22689
	苦荬菜	0.0	790	7.9	
	墨西哥类玉米	0.2	1342	2736.7	3330
	青贮青饲高粱	1.9	1163	22079.2	20310
	青贮玉米	6.1	1056	64199.5	97616
	饲用块根块茎作物	11.1	618	68768.6	42200
	苏丹草	0.3	1173	3728.8	
	燕麦	0.0	430	17.2	
	紫云英（非绿肥）	0.0	650	26.0	
	其他一年生饲草	0.1	1002	1011.6	
四　川		**522.3**	**1171**	**6114206.4**	**520401**
	大麦	2.1	770	16037.0	3951
	黑麦	0.9	1112	9560.0	
	多花黑麦草	136.9	1173	1605420.5	68994
	箭筈豌豆	4.3	2491	107611.5	
	苦荬菜	0.1	652	971.4	
	毛苕子（非绿肥）	88.0	1138	1001880.0	7830
	墨西哥类玉米	14.1	963	135593.9	4232
	青贮青饲高粱	6.8	1456	99457.8	2966
	青贮玉米	64.2	1386	889544.0	335229

4-17 各地区分种类一年生饲草生产情况（续）

单位：万亩、千克/亩、吨

地 区	饲草种类	当年种草面积	干草平均产量	干草总产量	青贮量
	饲用甘蓝	0.2	3000	6000.0	
	饲用块根块茎作物	35.0	960	335979.0	4010
	苏丹草	4.5	1406	63520.3	6663
	小黑麦	0.0	2300	322.0	
	燕麦	15.6	1328	207741.8	51710
	籽粒苋	6.7	598	39749.4	160
	紫云英（非绿肥）	4.3	416	17922.0	
	其他一年生饲草	138.5	1139	1576895.9	34656
贵 州		**118.0**	**1245**	**1469685.3**	**844593**
	黑麦	0.9	1347	12388.0	
	多花黑麦草	64.4	1216	783151.8	64938
	箭筈豌豆	8.2	575	47088.0	4200
	墨西哥类玉米	0.0	1000	200.0	
	青贮青饲高粱	8.4	1627	137313.0	281655
	青贮玉米	26.9	1485	399172.0	482968
	饲用甘蓝	2.5	500	12500.0	
	饲用块根块茎作物	3.1	906	28100.0	10032
	小黑麦	1.5	823	12345.0	
	紫云英（非绿肥）	0.8	1000	7600.0	
	其他一年生饲草	1.3	2218	29827.5	800
云 南		**387.2**	**1251**	**4842528.0**	**1242768**
	稗	0.02	1500	300.0	
	大麦	8.1	341	27502.1	
	黑麦	0.04	600	258.0	
	多花黑麦草	79.2	924	731960.0	117411

4-17 各地区分种类一年生饲草生产情况（续）

单位：万亩、千克/亩、吨

地 区	饲草种类	当年种草面积	干草平均产量	干草总产量	青贮量
	箭筈豌豆	0.6	613	3510.1	1
	毛苕子（非绿肥）	63.5	578	367050.8	
	青贮青饲高粱	0.0	2800	1204.0	430
	青贮玉米	154.6	1965	3037102.9	1025160
	饲用块根块茎作物	31.9	925	295245.5	96920
	饲用青稞	2.0	600	12000.0	
	小黑麦	5.6	744	41908.6	680
	燕麦	6.9	1180	81903.3	60
	其他一年生饲草	34.7	699	242582.7	2106
西 藏		**94.3**	**320**	**301405.1**	**83324**
	草木犀	0.2	1369	2875.0	40
	箭筈豌豆	3.0	604	18197.0	
	青贮玉米	2.2	1933	42080.0	
	饲用青稞	3.1	373	11511.0	1054
	小黑麦	6.7	238	15877.5	
	燕麦	76.5	250	190869.6	82010
	其他一年生饲草	2.6	769	19995.0	220
陕 西		**146.1**	**845**	**1234834.8**	**1328972**
	草木犀	0.01	500	35.0	
	黑麦	1.1	891	9881.0	20
	多花黑麦草	0.3	705	1860.6	
	苦荬菜	0.1	210	105.0	450
	墨西哥类玉米	0.3	830	2324.0	1600
	青莜麦	10.0	1000	100130.0	
	青贮青饲高粱	4.0	871	35195.5	23800

4-17 各地区分种类一年生饲草生产情况（续）

单位：万亩、千克/亩、吨

地 区	饲草种类	当年种草面积	干草平均产量	干草总产量	青贮量
	青贮玉米	109.3	877	958358.7	1242272
	苏丹草	0.2	518	1140.0	3310
	燕麦	0.8	713	5775.0	3000
	其他一年生饲草	20.1	599	120030.0	54520
甘 肃		**606.2**	**814**	**4934071.2**	**37461392**
	草谷子	12.7	332	42182.7	
	草木犀	0.2	430	860.0	
	大麦	1.0	224	2292.5	1500
	箭筈豌豆	15.5	318	49422.5	3421
	毛苕子（非绿肥）	2.2	500	11100.0	
	青贮青饲高粱	26.9	959	258206.5	171535
	青贮玉米	356.6	970	3460242.0	37178735
	饲用块根块茎作物	2.3	1296	29550.0	
	饲用青稞	6.7	357	23905.2	
	苏丹草	0.1	465	232.5	
	小黑麦	16.1	864	139140.0	20000
	燕麦	134.1	562	753083.3	86201
	其他一年生饲草	31.8	516	163854.0	
青 海		**192.7**	**933**	**1797806.8**	**978192**
	箭筈豌豆	0.2	906	1812.0	
	毛苕子（非绿肥）	2.0	883	17660.0	
	青贮玉米	22.6	1534	346016.8	437090
	燕麦	147.5	779	1148547.0	540243
	其他一年生饲草	20.4	1390	283771.1	859
宁 夏		**204.2**	**840**	**1715560.0**	**4248069**

4-17　各地区分种类一年生饲草生产情况（续）

单位：万亩、千克/亩、吨

地　区	饲草种类	当年种草面积	干草平均产量	干草总产量	青贮量
	草谷子	8.7	343	29735.0	
	黑麦	4.0	507	20145.0	29050
	青贮青饲高粱	8.2	1006	82537.5	5720
	青贮玉米	131.2	1064	1395262.5	4213298
	苏丹草	14.0	376	52520.0	1
	小黑麦	0.1	700	350.0	
	燕麦	38.2	354	135010.0	
新　疆		**416.0**	**1827**	**7599421.0**	**5152830**
	草木犀	15.7	407	63964.0	408
	大麦	1.8	235	4206.5	
	多花黑麦草	0.7	2300	16790.0	
	青贮青饲高粱	9.7	2107	204782.0	12800
	青贮玉米	353.7	1935	6844396.1	4994120
	饲用块根块茎作物	17.0	1396	237074.0	1
	燕麦	1.4	289	4063.4	500
	其他一年生饲草	16.0	1404	224145.0	145001
新疆兵团		**11.1**	**1822**	**201895.1**	**100250957**
	草木犀	0.1	400	256.0	1
	青贮青饲高粱	0.3	2869	7402.0	4413
	青贮玉米	10.2	1878	191530.2	100246143
	燕麦	0.4	314	1100.0	
	其他一年生饲草	0.2	773	1606.8	400
黑龙江农垦		**12.9**	**2583**	**333672.7**	**336528**
	青贮玉米	12.9	2587	333332.7	336188
	燕麦	0.0	1000	340.0	340

4-18 各地区青贮玉米生产情况

单位：万亩、千克/亩、吨

饲草种类	当年种草面积	干草平均产量	干草总产量	青贮量
合　计	**3663.2**	**1220**	**44678465.5**	**192615710**
天　津	31.1	718	222945.0	743318
河　北	307.7	977	3006219.0	7866883
山　西	117.9	1393	1642774.0	1245694
内蒙古	1225.1	1040	12735978.3	13012179
辽　宁	57.9	1595	923451.3	1037602
吉　林	69.0	1755	1211719.0	850993
黑龙江	112.7	1183	1333606.1	3221596
江　苏	25.6	2269	580817.6	146962
安　徽	70.0	1377	964103.0	773625
福　建	0.8	2655	21182.9	19971
江　西	3.1	831	26010.0	30020
山　东	171.8	868	1492018.7	3888498
河　南	146.9	955	1402421.7	3236860
湖　北	27.9	2011	560130.0	684100
湖　南	34.8	1244	433340.4	1192402
广　东	0.7	1246	9220.0	13400
广　西	9.8	1550	151291.1	4062788
重　庆	6.1	1056	64199.5	97616
四　川	64.2	1386	889544.0	335229
贵　州	26.9	1485	399172.0	482968
云　南	154.6	1965	3037102.9	1025160
西　藏	2.2	1933	42080.0	
陕　西	109.3	877	958358.7	1242272
甘　肃	356.6	970	3460242.0	37178735
青　海	22.6	1534	346016.8	437090
宁　夏	131.2	1064	1395262.5	4213298
新　疆	353.7	1935	6844396.1	4994120
新疆兵团	10.2	1878	191530.2	100246143
黑龙江农垦	12.9	2587	333332.7	336188

4-19　各地区饲用燕麦生产情况

单位：万亩、千克/亩、吨

饲草种类	当年新增种草面积	干草平均产量	干草总产量	青贮量
合　计	**533.7**	**590**	**3148280.8**	**866700**
天　津	0.7	277	2025.0	4450
河　北	1.7	393	6672.0	3482
山　西	8.2	322	26300.0	
内蒙古	97.9	559	547054.3	69529
吉　林	1.5	710	10650.0	500
黑龙江	1.5	1521	22050.0	17900
山　东	0.3	599	1918.0	5375
湖　北	0.4	600	2160.0	1400
湖　南	0.2	519	1001.0	
重　庆	0.0	430	17.2	
四　川	15.6	1328	207741.8	51710
云　南	6.9	1180	81903.3	60
西　藏	76.5	250	190869.6	82010
陕　西	0.8	713	5775.0	3000
甘　肃	134.1	562	753083.3	86201
青　海	147.5	779	1148547.0	540243
宁　夏	38.2	354	135010.0	
新　疆	1.4	289	4063.4	500
新疆兵团	0.4	314	1100.0	
黑龙江农垦	0.03	1000	340.0	340

4-20 各地区多花黑麦草生产情况

单位：万亩、千克/亩、吨

饲草种类	当年新增种草面积	干草平均产量	干草总产量	青贮量
合　计	**396.3**	**1145**	**4538798.2**	**5397913**
江　苏	1.5	1182	18033.0	4243
安　徽	10.5	818	85980.6	20032
福　建	1.8	1993	36786.0	5000801
江　西	21.2	1116	236535.5	37447
湖　北	45.3	1325	600032.5	34600
湖　南	12.7	1475	187005.0	17061
广　东	8.4	978	82456.8	6287
广　西	4.9	1024	50613.0	3410
重　庆	8.4	1213	102173.0	22689
四　川	136.9	1173	1605420.5	68994
贵　州	64.4	1216	783151.8	64938
云　南	79.2	924	731960.0	117411
陕　西	0.3	705	1860.6	
新　疆	0.7	2300	16790.0	

4-21　各地区牧区半牧区分种类一年生饲草生产情况

单位：万亩、千克/亩、吨

地　区	饲草种类	当年新增种草面积	干草平均产量	干草总产量	青贮量
合　计		**2196.1**	**978**	**21468682.4**	**16462747**
河　北		**54.7**	**985**	**538848.2**	**765984**
	草木犀	1.3	210	2730.0	2
	青莜麦	0.2	350	700.0	
	青贮玉米	51.7	1025	529806.2	764900
	燕麦	1.5	372	5612.0	1082
山　西		**4.0**	**975**	**39000.0**	**30000**
	青贮玉米	1.0	3000	30000.0	30000
	燕麦	3.0	300	9000.0	
内蒙古		**1313.6**	**907**	**11908507.0**	**11035947**
	草谷子	7.5	198	14854.4	1
	大麦	2.0	520	10400.0	1
	墨西哥类玉米	161.9	1082	1751300.0	22500
	青莜麦	47.3	122	57670.9	1
	青贮玉米	933.5	984	9182920.3	10942933
	饲用块根块茎作物	5.0	1400	70000.0	
	燕麦	71.1	612	435206.4	60451
	其他一年生饲草	85.4	452	386155.0	10060
辽　宁		**16.3**	**2897**	**473047.8**	**340000**
	青贮青饲高粱	0.8	2920	22105.2	
	青贮玉米	15.6	2896	450942.6	340000
吉　林		**18.4**	**2299**	**422022.3**	**309431**
	大麦	0.8	940	7238.0	64655
	青贮玉米	16.1	2512	404134.3	244276
	燕麦	1.5	710	10650.0	500
黑龙江		**57.4**	**1390**	**797372.3**	**1573057**

4–21 各地区牧区半牧区分种类一年生饲草生产情况（续）

单位：万亩、千克/亩、吨

地 区	饲草种类	当年新增种草面积	干草平均产量	干草总产量	青贮量
	青贮玉米	57.4	1390	797372.3	1573057
四 川		**215.6**	**1217**	**2624488.5**	**69480**
	多花黑麦草	0.5	1747	8650.0	
	箭筈豌豆	4.3	2491	107611.5	
	毛苕子（非绿肥）	82.6	1163	960650.0	7830
	青贮玉米	2.2	2247	48768.0	6840
	饲用块根块茎作物	0.8	2850	21375.0	4000
	燕麦	14.7	1361	200243.0	50000
	其他一年生饲草	110.5	1156	1277191.0	810
云 南		**19.0**	**702**	**133148.1**	**570**
	大麦	0.3	423	1269.0	
	多花黑麦草	0.2	1200	2760.0	
	箭筈豌豆	0.0	514	77.1	
	毛苕子（非绿肥）	4.7	300	14100.0	
	青贮玉米	0.0	2000	600.0	500
	饲用块根块茎作物	7.5	526	39270.0	10
	饲用青稞	2.0	600	12000.0	
	燕麦	4.2	1491	63072.0	60
西 藏		**78.3**	**189**	**147597.7**	**83063**
	箭筈豌豆	0.7	554	3784.0	
	青贮玉米	0.3	850	2550.0	
	饲用青稞	3.0	369	11008.0	1054
	小黑麦	4.3	188	8107.5	
	燕麦	69.1	170	117728.2	82009
	其他一年生饲草	0.9	520	4420.0	
甘 肃		**164.4**	**606**	**996009.3**	**671150**

4–21　各地区牧区半牧区分种类一年生饲草生产情况（续）

单位：万亩、千克/亩、吨

地　区	饲草种类	当年新增种草面积	干草平均产量	干草总产量	青贮量
	草谷子	6.2	106	6572.0	
	箭筈豌豆	0.6	221	1218.0	
	青贮青饲高粱	10.4	782	81280.0	90000
	青贮玉米	26.6	806	214578.0	534250
	饲用青稞	6.7	357	23905.2	
	小黑麦	13.3	857	113940.0	20000
	燕麦	97.3	551	536158.1	26900
	其他一年生饲草	3.3	553	18358.0	
青　海		**88.4**	**970**	**857344.4**	**305909**
	青贮玉米	5.3	1694	89986.4	72065
	燕麦	62.7	772	483587.0	232985
	其他一年生饲草	20.4	1390	283771.1	859
宁　夏		**66.2**	**528**	**349405.0**	**567000**
	草谷子	4.1	390	15775.0	
	青贮青饲高粱	0.1	500	400.0	
	青贮玉米	18.0	1010	181840.0	567000
	苏丹草	12.9	345	44380.0	
	燕麦	31.2	343	107010.0	
新　疆		**100.0**	**2181**	**2181891.9**	**711156**
	草木犀	5.7	605	34280.0	406
	大麦	1.8	235	4206.5	
	多花黑麦草	0.7	2300	16790.0	
	青贮玉米	88.3	2393	2114152.0	710250
	饲用块根块茎作物	2.1	400	8400.0	
	燕麦	1.4	289	4063.4	500

4-22 各地区牧区分种类一年生饲草生产情况

单位：万亩、千克/亩、吨

地 区	饲草种类	当年种草面积	干草平均产量	干草总产量	青贮量
合 计		**655.1**	**938**	**6147150.8**	**1967613**
内蒙古		**318.5**	**855**	**2723285.0**	**1025480**
	草谷子	5.5	161	8854.4	
	墨西哥类玉米	71.9	1076	772900.0	7500
	青莜麦	15.5	165	25542.9	
	青贮玉米	152.8	966	1476280.3	989530
	燕麦	34.7	683	237002.4	18450
	其他一年生饲草	38.1	531	202705.0	10000
黑龙江		**9.0**	**737**	**66330.0**	**199100**
	青贮玉米	9.0	737	66330.0	199100
四 川		**66.1**	**773**	**511184.0**	**1100**
	毛苕子（非绿肥）	6.7	500	33500.0	
	青贮玉米	0.04	1020	408.0	1100
	燕麦	14.4	1368	196776.0	
	其他一年生饲草	45.0	623	280500.0	
西 藏		**60.7**	**120**	**72755.7**	**45814**
	箭筈豌豆	0.4	440	1672.0	
	饲用青稞	0.5	240	1200.0	1054
	燕麦	59.8	117	69883.7	44760
甘 肃		**43.7**	**678**	**296075.2**	**32400**
	箭筈豌豆	0.1	300	210.0	
	青贮玉米	1.0	1000	10000.0	

4-22　各地区牧区分种类一年生饲草生产情况（续）

单位：万亩、千克/亩、吨

地　区	饲草种类	当年种草面积	干草平均产量	干草总产量	青贮量
	饲用青稞	6.7	357	23905.2	
	小黑麦	13.3	857	113940.0	20000
	燕麦	21.8	658	143540.0	12400
	其他一年生饲草	0.8	560	4480.0	
青　海		**69.6**	**1026**	**714726.0**	**245909**
	青贮玉米	3.1	2426	75466.4	72065
	燕麦	46.1	771	355488.6	172985
	其他一年生饲草	20.4	1390	283771.1	859
宁　夏		**25.6**	**540**	**138080.0**	**240000**
	青贮玉米	8.6	900	77220.0	240000
	苏丹草	11.9	340	40460.0	
	燕麦	5.1	400	20400.0	
新　疆		**61.9**	**2623**	**1624715.0**	**177810**
	草木犀	3.2	650	20800.0	
	多花黑麦草	0.7	2300	16790.0	
	青贮玉米	58.0	2737	1587025.0	177310
	燕麦	0.02	500	100.0	500

4–23 各地区半牧区分种类一年生饲草生产情况

单位：万亩、千克/亩、吨

地 区	饲草种类	当年种草面积	干草平均产量	干草总产量	青贮量
合 计		**1541.0**	**994**	**15321531.5**	**14495134**
河 北		**54.7**	**985**	**538848.2**	**765984**
	草木犀	1.3	210	2730.0	2
	青莜麦	0.2	350	700.0	
	青贮玉米	51.7	1025	529806.2	764900
	燕麦	1.5	372	5612.0	1082
山 西		**4.0**	**975**	**39000.0**	**30000**
	青贮玉米	1.0	3000	30000.0	30000
	燕麦	3.0	300	9000.0	
内蒙古		**995.1**	**923**	**9185222.0**	**10010467**
	草谷子	2.0	300	6000.0	1
	大麦	2.0	520	10400.0	1
	墨西哥类玉米	90.0	1087	978400.0	15000
	青莜麦	31.8	101	32128.0	1
	青贮玉米	780.7	987	7706640.0	9953403
	饲用块根块茎作物	5.0	1400	70000.0	
	燕麦	36.4	545	198204.0	42001
	其他一年生饲草	47.3	388	183450.0	60
辽 宁		**16.3**	**2897**	**473047.8**	**340000**

4-23　各地区半牧区分种类一年生饲草生产情况（续）

单位：万亩、千克/亩、吨

地　区	饲草种类	当年种草面积	干草平均产量	干草总产量	青贮量
	青贮青饲高粱	0.8	2920	22105.2	
	青贮玉米	15.6	2896	450942.6	340000
吉　林		**18.4**	**2299**	**422022.3**	**309431**
	大麦	0.8	940	7238.0	64655
	青贮玉米	16.1	2512	404134.3	244276
	燕麦	1.5	710	10650.0	500
黑龙江		**48.4**	**1512**	**731042.3**	**1373957**
	青贮玉米	48.4	1512	731042.3	1373957
四　川		**149.5**	**1414**	**2113304.5**	**68380**
	多花黑麦草	0.5	1747	8650.0	
	箭筈豌豆	4.3	2491	107611.5	
	毛苕子（非绿肥）	75.9	1221	927150.0	7830
	青贮玉米	2.1	2270	48360.0	5740
	饲用块根块茎作物	0.8	2850	21375.0	4000
	燕麦	0.3	1057	3467.0	50000
	其他一年生饲草	65.5	1521	996691.0	810
云　南		**19.0**	**702**	**133148.1**	**570**
	大麦	0.3	423	1269.0	
	多花黑麦草	0.2	1200	2760.0	

4-23 各地区半牧区分种类一年生饲草生产情况（续）

单位：万亩、千克/亩、吨

地 区	饲草种类	当年种草面积	干草平均产量	干草总产量	青贮量
	箭筈豌豆	0.02	514	77.1	
	毛苕子（非绿肥）	4.7	300	14100.0	
	青贮玉米	0.03	2000	600.0	500
	饲用块根块茎作物	7.5	526	39270.0	10
	饲用青稞	2.0	600	12000.0	
	燕麦	4.2	1491	63072.0	60
西 藏		**17.6**	**426**	**74842.0**	**37249**
	箭筈豌豆	0.3	697	2112.0	
	青贮玉米	0.3	850	2550.0	
	饲用青稞	2.5	395	9808.0	
	小黑麦	4.3	188	8107.5	
	燕麦	9.3	514	47844.5	37249
	其他一年生饲草	0.9	520	4420.0	
甘 肃		**120.7**	**580**	**699934.1**	**638750**
	草谷子	6.2	106	6572.0	
	箭筈豌豆	0.5	210	1008.0	
	青贮青饲高粱	10.4	782	81280.0	90000
	青贮玉米	25.6	798	204578.0	534250
	燕麦	75.5	520	392618.1	14500

4-23　各地区半牧区分种类一年生饲草生产情况（续）

单位：万亩、千克/亩、吨

地　区	饲草种类	当年种草面积	干草平均产量	干草总产量	青贮量
	其他一年生饲草	2.5	551	13878.0	
青　海		**18.7**	**761**	**142618.4**	**60000**
	青贮玉米	2.2	660	14520.0	
	燕麦	16.5	774	128098.4	60000
宁　夏		**40.6**	**520**	**211325.0**	**327000**
	草谷子	4.1	390	15775.0	
	青贮青饲高粱	0.1	500	400.0	
	青贮玉米	9.4	1109	104620.0	327000
	苏丹草	1.0	400	3920.0	
	燕麦	26.1	332	86610.0	
新　疆		**38.1**	**1463**	**557176.9**	**533346**
	草木犀	2.5	546	13480.0	406
	大麦	1.8	235	4206.5	
	青贮玉米	30.3	1737	527127.0	532940
	饲用块根块茎作物	2.1	400	8400.0	
	燕麦	1.4	286	3963.4	

四、商品草

4-24　全国及牧区半牧区

区　域	饲草种类	饲草类别	生产面积	干草 平均产量
全　国			**1630.01**	**604**
		多年生	**1163.11**	**412**
	串叶松香草		0.03	1120
	多年生黑麦草		0.53	975
	狗尾草		0.44	2269
	红豆草		8.30	403
	红三叶		0.40	700
	狼尾草		4.25	2466
	老芒麦		1.35	211
	猫尾草		4.00	600
	木本蛋白饲料		2.49	854
	牛鞭草		0.73	1755
	披碱草		47.34	295
	羊草		427.26	111
	紫花苜蓿		658.81	584
	其他多年生饲草		7.18	1582
		一年生	**466.90**	**1083**
	草谷子		0.001	450
	大麦		0.95	895
	黑麦		0.90	476
	多花黑麦草		3.71	984
	箭筈豌豆		0.56	404
	毛苕子（非绿肥）		0.40	1000
	墨西哥类玉米		23.45	792

生产情况

分种类商品草生产情况

单位：万亩、千克/亩、吨

干草总产量	商品干草产量	商品干草销售量	青贮量	青贮销售量
9844590.2	**3540323.8**	**2367435.4**	**6797194**	**4000856**
4789717.2	**2089404.9**	**1581778.1**	**2172562**	**1196480**
336.0	300.0			
5138.0	250.4	250.4		
9984.0	240.1	180.1	101	1
33486.0	8000.0	5000.0	1000	500
2800.0	2800.0	2000.0		
104837.1	22468.0	11795.0	248124	218428
2850.0	1310.0	350.0	3	2
24000.0	21400.0	15400.0	21601	21600
21295.0			54030	33550
12808.0			200	200
139732.0	138612.0	138612.0		
474437.9	123742.0	92064.0	7786	3600
3844515.5	1745272.4	1313286.5	1775650	875562
113497.7	25010.0	2840.1	64067	43037
5054873.0	**1450918.9**	**785657.3**	**4624632**	**2804376**
4.5	0.1	0.1	1	1
8498.0			11045	3720
4286.0	2350.0	2350.0		
36491.8	1200.0	150.0	3062	2254
2265.0	0.1	0.1		
4000.0	3500.0	2000.0	1	1
185700.0	170000.0	68000.0		

4-24 全国及牧区半牧区

区 域	饲草种类	饲草类别	生产面积	干草平均产量
	青贮青饲高粱		2.93	1100
	青贮玉米		308.55	1275
	苏丹草		0.001	500
	小黑麦		0.03	500
	燕麦		106.60	698
	籽粒苋		0.75	573
	紫云英（非绿肥）		0.45	1396
	其他一年生饲草		17.63	528
牧区半牧区			**792.92**	**392**
		多年生	**692.52**	**309**
	多年生黑麦草		0.02	960
	红豆草		1.20	133
	红三叶		0.40	700
	老芒麦		1.35	211
	猫尾草		4.00	600
	披碱草		47.32	295
	羊草		388.02	113
	紫花苜蓿		250.22	613
		一年生	**100.40**	**965**
	大麦		0.77	940
	毛苕子（非绿肥）		0.40	1000
	青贮青饲高粱		0.40	615
	青贮玉米		42.47	1342
	燕麦		47.56	730
	其他一年生饲草		8.80	434
牧区			**272.32**	**527**

分种类商品草生产情况（续）

单位：万亩、千克/亩、吨

干草总产量	商品干草产量	商品干草销售量	青贮量	青贮销售量
32239.0	8920.0	2000.0	8840	8300
3933655.7	920330.6	475321.0	4258112	2727942
5.0	0.1	0.1	20	1
125.0				
743897.0	278228.0	190426.0	343500	62106
4300.0	4220.0	1220.0		
6256.0	5000.0	4300.0		
93150.0	57170.0	39890.0	51	51
3112187.4	**1104440.6**	**867698.0**	**1512382**	**732255**
2142898.8	**928007.0**	**741590.0**	**933906**	**161104**
192.0				
1596.0				
2800.0	2800.0	2000.0		
2850.0	1310.0	350.0	3	2
24000.0	21400.0	15400.0	21601	21600
139632.0	138612.0	138612.0		
438437.8	105700.0	79700.0		
1533391.0	658185.0	505528.0	912302	139502
969288.6	**176433.6**	**126108.0**	**578476**	**571151**
7238.0			7325	
4000.0	3500.0	2000.0	1	1
2460.0				
570076.6	42135.6		571100	571100
347354.0	127798.0	121108.0		
38160.0	3000.0	3000.0	50	50
1434921.4	**375965.6**	**318940.0**	**2300**	**1500**

4-24 全国及牧区半牧区

区 域	饲草种类	饲草类别	生产面积	干草 平均产量
		多年生	**222.78**	**415**
	老芒麦		0.85	200
	披碱草		47.06	292
	羊草		77.47	124
	紫花苜蓿		97.40	707
		一年生	**49.54**	**1032**
	青贮玉米		7.50	2967
	燕麦		35.24	796
	其他一年生饲草		6.80	120
半牧区			**520.59**	**322**
		多年生	**469.74**	**260**
	多年生黑麦草		0.02	960
	红豆草		1.20	133
	红三叶		0.40	700
	老芒麦		0.50	230
	猫尾草		4.00	600
	披碱草		0.26	800
	羊草		310.55	110
	紫花苜蓿		152.82	553
		一年生	**50.85**	**901**
	大麦		0.77	940
	毛苕子（非绿肥）		0.40	1000
	青贮青饲高粱		0.40	615
	青贮玉米		34.97	994
	燕麦		12.31	543
	其他一年生饲草		2.00	1500

分种类商品草生产情况（续）

单位：万亩、千克/亩、吨

干草总产量	商品干草产量	商品干草销售量	青贮量	青贮销售量
923699.8	**235782.0**	**226082.0**	**1200**	**400**
1700.0	800.0			
137592.0	137592.0	137592.0		
96062.8				
688345.0	97390.0	88490.0	1200	400
511221.6	**140183.6**	**92858.0**	**1100**	**1100**
222543.6	42135.6		1100	1100
280518.0	98048.0	92858.0		
8160.0				
1677266.0	**728475.0**	**548758.0**	**1510082**	**730755**
1219199.0	**692225.0**	**515508.0**	**932706**	**160704**
192.0				
1596.0				
2800.0	2800.0	2000.0		
1150.0	510.0	350.0	3	2
24000.0	21400.0	15400.0	21601	21600
2040.0	1020.0	1020.0		
342375.0	105700.0	79700.0		
845046.0	560795.0	417038.0	911102	139102
458067.0	**36250.0**	**33250.0**	**577376**	**570051**
7238.0			7325	
4000.0	3500.0	2000.0	1	1
2460.0				
347533.0			570000	570000
66836.0	29750.0	28250.0		
30000.0	3000.0	3000.0	50	50

4-25 各地区分种类

地 区	饲草种类	生产面积	干草平均产量	干草总产量
合 计		**1630.01**	**604**	**9844590.2**
河 北		**46.37**	**859**	**398395.7**
	草谷子	0.001	450	4.5
	老芒麦	0.50	230	1150.0
	青贮玉米	23.29	1009	235151.3
	紫花苜蓿	22.57	718	162089.9
山 西		**23.65**	**744**	**176043.5**
	青贮玉米	8.90	1182	105200.0
	燕麦	3.00	367	11000.0
	紫花苜蓿	11.75	509	59843.5
内蒙古		**272.90**	**761**	**2076395.0**
	墨西哥类玉米	23.00	750	172500.0
	青贮青饲高粱	1.05	900	9450.0
	青贮玉米	75.50	1195	902500.0
	燕麦	26.93	818	220328.0
	籽粒苋	0.52	650	3380.0
	紫花苜蓿	139.10	546	760077.0
	其他一年生饲草	6.80	120	8160.0
辽 宁		**0.50**	**2000**	**10000.0**
	青贮玉米	0.50	2000	10000.0
吉 林		**115.25**	**140**	**161779.1**
	大麦	0.77	940	7238.0
	羊草	108.28	88	95121.1
	紫花苜蓿	6.20	958	59420.0
黑龙江		**324.37**	**141**	**456257.8**
	青贮玉米	3.65	1146	41825.0

商品草生产情况

单位：万亩、千克/亩、吨

商品干草产量	商品干草销售量	青贮量	青贮销售量
3540323.8	**2367435.4**	**6797194**	**4000856**
176162.0	**147782.1**	**398809**	**235867**
0.1	0.1	1	1
510.0	350.0	3	2
50290.0	30000.1	344755	192614
125361.9	117431.9	54050	43250
13800.0	**13800.0**	**24100**	**22900**
300.0	300.0	24100	22900
3000.0	3000.0		
10500.0	10500.0		
526855.0	**362084.0**	**1048004**	**882002**
170000.0	68000.0		
8920.0	2000.0		
184000.0	149400.0	1048000	882000
33800.0	26600.0		
3300.0	300.0		
126835.0	115784.0	4	2
86328.0	**61200.0**	**115111**	**31600**
		7325	
36908.0	31200.0	7786	3600
49420.0	30000.0	100000	28000
81453.1	**56403.1**	**608150**	**585100**
2700.1	2650.1	108150	85100

4-25 各地区分种类

地 区	饲草种类	生产面积	干草平均产量	干草总产量
	羊草	294.62	121	355807.8
	紫花苜蓿	26.10	225	58625.0
江 苏		**0.04**	**1800**	**720.0**
	青贮玉米	0.04	1800	720.0
安 徽		**16.25**	**1286**	**209037.8**
	青贮玉米	12.65	1409	178232.8
	苏丹草	0.001	500	5.0
	紫花苜蓿	3.20	800	25600.0
	紫云英（非绿肥）	0.40	1300	5200.0
福 建		**0.05**	**3000**	**1410.0**
	多花黑麦草	0.03	3000	750.0
	狗尾草	0.02	3000	600.0
	狼尾草	0.002	3000	60.0
江 西		**4.28**	**1069**	**45740.0**
	多花黑麦草	0.11	1000	1100.0
	狼尾草	0.89	1946	17320.0
	青贮玉米	0.05	800	400.0
	籽粒苋	0.23	400	920.0
	其他多年生饲草	2.00	1000	20000.0
	其他一年生饲草	1.00	600	6000.0
山 东		**26.06**	**891**	**232174.2**
	木本蛋白饲料	0.04	2500	1000.0
	青贮玉米	19.78	892	176320.5
	紫花苜蓿	5.99	886	53004.0
	其他多年生饲草	0.26	706	1849.7
河 南		**18.51**	**1000**	**185217.9**

商品草生产情况（续）

单位：万亩、千克/亩、吨

商品干草产量	商品干草销售量	青贮量	青贮销售量
75000.0	50000.0		
3753.0	3753.0	500000	500000
11950.2	**11220.2**	**283021**	**278002**
6950.1	6920.1	175001	170001
0.1	0.1	20	1
		108000	108000
5000.0	4300.0		
		75	
		75	
26120.0	**6120.0**	**22780**	**17000**
		880	500
		21400	16000
		500	500
920.0	920.0		
20000.0			
5200.0	5200.0		
14032.0	**620.0**	**117092**	**52100**
13362.0		72001	18608
670.0	620.0	39304	27705
		5787	5787
19480.0	**11697.0**	**321695**	**295291**

4-25 各地区分种类

地 区	饲草种类	生产面积	干草平均产量	干草总产量
	串叶松香草	0.03	1120	336.0
	大麦	0.18	700	1260.0
	多年生黑麦草	0.03	1000	250.0
	木本蛋白饲料	2.43	816	19835.0
	青贮玉米	13.09	1073	140473.8
	紫花苜蓿	2.76	835	23063.1
湖 北		**4.99**	**1988**	**99220.0**
	多花黑麦草	0.04	1550	620.0
	墨西哥类玉米	0.15	2800	4200.0
	青贮玉米	4.60	2013	92600.0
	紫花苜蓿	0.20	900	1800.0
湖 南		**4.11**	**1602**	**65844.0**
	多花黑麦草	0.10	3000	3000.0
	多年生黑麦草	0.10	800	800.0
	箭筈豌豆	0.33	150	495.0
	墨西哥类玉米	0.30	3000	9000.0
	牛鞭草	0.68	1810	12308.0
	青贮青饲高粱	0.05	398	199.0
	青贮玉米	2.09	1334	27890.0
	紫花苜蓿	0.10	2000	2000.0
	紫云英（非绿肥）	0.05	2200	1056.0
	其他多年生饲草	0.31	2915	9096.0
广 东		**1.36**	**2703**	**36760.0**
	狼尾草	1.36	2703	36760.0
广 西		**3.65**	**2433**	**88697.2**
	多年生黑麦草	0.02	3000	600.0

商品草生产情况（续）

单位：万亩、千克/亩、吨

商品干草产量	商品干草销售量	青贮量	青贮销售量
300.0			
		3720	3720
250.0	250.0		
		54030	33550
		255711	250297
18930.0	11447.0	8234	7724
2.1		**4000**	
2.1		4000	
6830.1	**3780.1**	**16120**	**13150**
1200.0	150.0		
3250.1	3250.1	13020	11600
2000.0	80.0	1600	50
380.0	300.0	1500	1500
9070.0	**9000.0**	**164860**	**150300**
9070.0	9000.0	164860	150300
4630.1	**2540.2**	**91731**	**75251**

4-25 各地区分种类

地 区	饲草种类	生产面积	干草平均产量	干草总产量
	狗尾草	0.30	2800	8400.0
	狼尾草	0.73	2741	20061.2
	青贮玉米	1.45	1754	25504.0
	其他多年生饲草	1.14	2994	34132.0
海 南		**0.02**	**3000**	**630.0**
	其他多年生饲草	0.02	3000	630.0
重 庆		**0.46**	**2583**	**11752.6**
	多花黑麦草	0.03	1318	421.8
	狼尾草	0.42	2679	11330.9
四 川		**17.93**	**1357**	**243438.0**
	多花黑麦草	3.40	900	30600.0
	多年生黑麦草	0.07	1417	992.0
	狼尾草	0.50	2460	12300.0
	老芒麦	0.85	200	1700.0
	毛苕子（非绿肥）	0.40	1000	4000.0
	牛鞭草	0.05	1000	500.0
	青贮青饲高粱	0.02	2400	480.0
	青贮玉米	9.81	1517	148858.0
	燕麦	0.23	664	1548.0
	紫花苜蓿	0.06	1600	960.0
	其他多年生饲草	0.54	2130	11500.0
	其他一年生饲草	2.00	1500	30000.0
贵 州		**1.45**	**2123**	**30831.0**
	狼尾草	0.35	2030	7005.0
	青贮青饲高粱	0.26	1500	3900.0
	青贮玉米	0.85	2351	19866.0

商品草生产情况（续）

单位：万亩、千克/亩、吨

商品干草产量	商品干草销售量	青贮量	青贮销售量
0.1	0.1	1	1
2280.0	2280.0	26050	26000
		44000	43600
2350.0	260.1	21680	5650
		32103	**22579**
		2107	1754
		29996	20825
21980.0	**6280.0**	**144241**	**136741**
11100.0	500.0	3000	2500
800.0			
3500.0	2000.0	1	1
		200	200
		2000	1500
2800.0		103940	102440
780.0	780.0		
		35050	30050
3000.0	3000.0	50	50
1658.0	**1125.0**	**27109**	**13123**
18.0	15.0	2818	2803
		5840	5800
1600.0	1100.0	18450	4519

4-25 各地区分种类

地 区	饲草种类	生产面积	干草平均产量	干草总产量
	其他一年生饲草	0.002	3000	60.0
云 南		**14.18**	**1127**	**159765.0**
	狗尾草	0.12	820	984.0
	青贮玉米	5.00	1588	79375.0
	紫花苜蓿	0.03	1400	476.0
	其他多年生饲草	1.20	2500	30000.0
	其他一年生饲草	7.83	625	48930.0
西 藏		**1.38**	**806**	**11149.0**
	多年生黑麦草	0.31	800	2496.0
	箭筈豌豆	0.23	770	1770.0
	披碱草	0.26	800	2040.0
	青贮玉米	0.22	1000	2170.0
	小黑麦	0.03	500	125.0
	燕麦	0.19	362	703.0
	紫花苜蓿	0.15	1230	1845.0
陕 西		**59.22**	**699**	**414015.0**
	黑麦	0.13	720	936.0
	木本蛋白饲料	0.02	2000	460.0
	青贮玉米	19.03	936	178080.0
	紫花苜蓿	40.04	586	234539.0
甘 肃		**391.36**	**749**	**2930892.0**
	红豆草	8.30	403	33486.0
	红三叶	0.40	700	2800.0
	猫尾草	4.00	600	24000.0
	青贮青饲高粱	1.55	1175	18210.0
	青贮玉米	74.00	1329	983183.0

商品草生产情况（续）

单位：万亩、千克/亩、吨

商品干草产量	商品干草销售量	青贮量	青贮销售量
40.0	10.0	1	1
49230.0	**31920.0**	**57451**	**56851**
240.0	180.0	100	
		56901	56401
		400	400
60.0	60.0	50	50
48930.0	31680.0		
1229.1	**1229.1**		
0.4	0.4		
0.1	0.1		
1020.0	1020.0		
0.6	0.6		
208.0	208.0		
93150.0	**25100.0**	**261600**	**207150**
		261600	207150
93150.0	25100.0		
1489534.0	**1019624.0**	**2112789**	**679900**
8000.0	5000.0	1000	500
2800.0	2000.0		
21400.0	15400.0	21601	21600
		1000	1000
470640.0	199400.0	1215988	533800

4-25 各地区分种类

地区	饲草种类	生产面积	干草平均产量	干草总产量
	燕麦	23.29	561	130600.0
	紫花苜蓿	279.83	621	1738613.0
青海		**112.69**	**601**	**677807.6**
	披碱草	47.06	292	137592.0
	青贮玉米	11.96	1324	158385.6
	燕麦	52.87	718	379430.0
	紫花苜蓿	0.80	300	2400.0
宁夏		**86.37**	**533**	**460395.0**
	黑麦	0.77	435	3350.0
	青贮玉米	5.80	1122	65100.0
	紫花苜蓿	79.80	491	391945.0
新疆		**48.07**	**1174**	**564250.3**
	青贮玉米	14.44	2265	327020.8
	燕麦	0.08	360	288.0
	紫花苜蓿	31.85	724	230651.5
	其他多年生饲草	1.70	370	6290.0
新疆兵团		**4.87**	**1112**	**54131.5**
	披碱草	0.02	500	100.0
	青贮玉米	1.87	1863	34800.0
	紫花苜蓿	2.98	645	19231.5
黑龙江农垦		**29.66**	**141**	**41841.0**
	羊草	24.36	97	23509.0
	紫花苜蓿	5.30	346	18332.0

商品草生产情况（续）

单位：万亩、千克/亩、吨

商品干草产量	商品干草销售量	青贮量	青贮销售量
64050.0	51700.0	7000	4000
922644.0	746124.0	866200	119000
458267.6	**286580.0**	**511500**	**73106**
137592.0	137592.0		
142135.6	40000.0	175000	15000
176140.0	107888.0	336500	58106
2400.0	1100.0		
217280.0	**173660.0**	**277138**	**91128**
2350.0	2350.0		
13500.0	13500.0	184383	54000
201430.0	157810.0	92755	37128
186975.0	**95533.1**	**119515**	**44215**
28800.0	28800.0	118200	43700
250.0	250.0		
155705.0	64263.1	1315	515
2220.0	2220.0		
16031.5	**14831.5**	**34413**	**33713**
		34412	33712
16031.5	14831.5	1	1
28276.0	**25306.0**	**3787**	**3787**
11834.0	10864.0		
16442.0	14442.0	3787	3787

4–26 各地区紫花苜蓿

地　区	生产面积	干草平均产量	干草总产量
合　计	**658.81**	**584**	**3844515.5**
河　北	22.57	718	162089.9
山　西	11.75	509	59843.5
内蒙古	139.10	546	760077.0
吉　林	6.20	958	59420.0
黑龙江	26.10	225	58625.0
安　徽	3.20	800	25600.0
山　东	5.99	886	53004.0
河　南	2.76	835	23063.1
湖　北	0.20	900	1800.0
湖　南	0.10	2000	2000.0
四　川	0.06	1600	960.0
云　南	0.03	1400	476.0
西　藏	0.15	1230	1845.0
陕　西	40.04	586	234539.0
甘　肃	279.83	621	1738613.0
青　海	0.80	300	2400.0
宁　夏	79.80	491	391945.0
新　疆	31.85	724	230651.5
新疆兵团	2.98	645	19231.5
黑龙江农垦	5.30	346	18332.0

商品草生产情况

单位：万亩、千克/亩、吨

商品干草产量	商品干草销售量	青贮量	青贮销售量
1745272.4	**1313286.5**	**1775650**	**875562**
125361.9	117431.9	54050	43250
10500.0	10500.0		
126835.0	115784.0	4	2
49420.0	30000.0	100000	28000
3753.0	3753.0	500000	500000
		108000	108000
670.0	620.0	39304	27705
18930.0	11447.0	8234	7724
2000.0	80.0	1600	50
		400	400
93150.0	25100.0		
922644.0	746124.0	866200	119000
2400.0	1100.0		
201430.0	157810.0	92755	37128
155705.0	64263.1	1315	515
16031.5	14831.5	1	1
16442.0	14442.0	3787	3787

4–27　各地区牧区半牧区

地　区	饲草种类	生产面积	干草平均产量	干草总产量
合　计		**792.92**	**392**	**3112187.4**
河　北		**0.50**	**230**	**1150.0**
	老芒麦	0.50	230	1150.0
山　西		**1.00**	**300**	**3000.0**
	燕麦	1.00	300	3000.0
内蒙古		**183.25**	**762**	**1396405.0**
	青贮玉米	39.00	1308	510000.0
	燕麦	23.95	866	207500.0
	紫花苜蓿	113.50	591	670745.0
	其他一年生饲草	6.80	120	8160.0
吉　林		**101.97**	**148**	**151208.0**
	大麦	0.77	940	7238.0
	羊草	95.00	89	84550.0
	紫花苜蓿	6.20	958	59420.0
黑龙江		**305.97**	**129**	**396187.8**
	羊草	293.02	121	353887.8
	紫花苜蓿	12.95	327	42300.0
四　川		**3.60**	**1077**	**38808.0**
	多年生黑麦草	0.02	960	192.0
	老芒麦	0.85	200	1700.0
	毛苕子（非绿肥）	0.40	1000	4000.0
	青贮玉米	0.04	1020	408.0
	燕麦	0.23	664	1548.0
	紫花苜蓿	0.06	1600	960.0

分种类商品草生产情况

单位：万亩、千克/亩、吨

商品干草产量	商品干草销售量	青贮量	青贮销售量
1104440.6	**867698.0**	**1512382**	**732255**
510.0	**350.0**	**3**	**2**
510.0	350.0	3	2
3000.0	**3000.0**		
3000.0	3000.0		
132025.0	**127025.0**	**570000**	**570000**
		570000	570000
24200.0	24200.0		
107825.0	102825.0		
80120.0	**59700.0**	**107325**	**28000**
		7325	
30700.0	29700.0		
49420.0	30000.0	100000	28000
75000.0	**50000.0**		
75000.0	50000.0		
8080.0	**5780.0**	**1151**	**1151**
800.0			
3500.0	2000.0	1	1
		1100	1100
780.0	780.0		

4-27 各地区牧区半牧区

地 区	饲草种类	生产面积	干草平均产量	干草总产量
	其他一年生饲草	2.00	1500	30000.0
西 藏		**0.51**	**804**	**4093.0**
	披碱草	0.26	800	2040.0
	燕麦	0.10	200	208.0
	紫花苜蓿	0.15	1230	1845.0
甘 肃		**106.67**	**626**	**667839.0**
	红豆草	1.20	133	1596.0
	红三叶	0.40	700	2800.0
	猫尾草	4.00	600	24000.0
	青贮青饲高粱	0.40	615	2460.0
	青贮玉米	1.97	890	17533.0
	燕麦	9.40	554	52100.0
	紫花苜蓿	89.30	635	567350.0
青 海		**62.11**	**426**	**264837.6**
	披碱草	47.06	292	137592.0
	青贮玉米	1.46	2886	42135.6
	燕麦	12.79	647	82710.0
	紫花苜蓿	0.80	300	2400.0
宁 夏		**0.94**	**600**	**5640.0**
	紫花苜蓿	0.94	600	5640.0
新 疆		**26.40**	**693**	**183019.0**
	燕麦	0.08	360	288.0
	紫花苜蓿	26.32	694	182731.0

分种类商品草生产情况（续）

单位：万亩、千克/亩、吨

商品干草产量	商品干草销售量	青贮量	青贮销售量
3000.0	3000.0	50	50
1228.0	**1228.0**		
1020.0	1020.0		
208.0	208.0		
398200.0	**352900.0**	**832601**	**132600**
2800.0	2000.0		
21400.0	15400.0	21601	21600
27150.0	25600.0		
346850.0	309900.0	811000	111000
254337.6	**205762.0**		
137592.0	137592.0		
42135.6			
72210.0	67070.0		
2400.0	1100.0		
5640.0	**5640.0**		
5640.0	5640.0		
146300.0	**56313.0**	**1302**	**502**
250.0	250.0		
146050.0	56063.0	1302	502

4-28 各地区牧区分种类

地 区	饲草种类	生产面积	干草平均产量	干草总产量
合 计		**272.32**	**527**	**1434921.4**
内蒙古		**106.91**	**891**	**953020.0**
	青贮玉米	6.00	3000	180000.0
	燕麦	23.40	873	204200.0
	紫花苜蓿	70.71	793	560660.0
	其他一年生饲草	6.80	120	8160.0
黑龙江		**86.97**	**143**	**124562.8**
	羊草	77.47	124	96062.8
	紫花苜蓿	9.50	300	28500.0
四 川		**1.04**	**304**	**3158.0**
	老芒麦	0.85	200	1700.0
	青贮玉米	0.04	1020	408.0
	燕麦	0.15	700	1050.0
西 藏		**0.25**	**808**	**2053.0**
	燕麦	0.10	200	208.0
	紫花苜蓿	0.15	1230	1845.0
甘 肃		**10.10**	**579**	**58450.0**
	燕麦	0.30	950	2850.0
	紫花苜蓿	9.80	567	55600.0
青 海		**60.61**	**420**	**254337.6**
	披碱草	47.06	292	137592.0
	青贮玉米	1.46	2886	42135.6
	燕麦	11.29	640	72210.0
	紫花苜蓿	0.80	300	2400.0
宁 夏		**0.94**	**600**	**5640.0**
	紫花苜蓿	0.94	600	5640.0
新 疆		**5.50**	**613**	**33700.0**
	紫花苜蓿	5.50	613	33700.0

商品草生产情况

单位：万亩、千克/亩、吨

商品干草产量	商品干草销售量	青贮量	青贮销售量
375965.6	**318940**	**2300**	**1500**
82350.0	**82350**		
24200.0	24200		
58150.0	58150		
1580.0	**780**	**1100**	**1100**
800.0			
		1100	1100
780.0	780		
208.0	**208**		
208.0	208		
23750.0	**20600**		
650.0	600		
23100.0	20000		
254337.6	**205762**		
137592.0	137592		
42135.6			
72210.0	67070		
2400.0	1100		
5640.0	**5640**		
5640.0	5640		
8100.0	**3600**	**1200**	**400**
8100.0	3600	1200	400

4-29 各地区半牧区分种类

地 区	饲草种类	生产面积	干草平均产量	干草总产量
合 计		**520.59**	**322**	**1677266**
河 北		**0.50**	**230**	**1150**
	老芒麦	0.50	230	1150
山 西		1.00	300	3000
	燕麦	1.00	300	3000
内蒙古		76.34	581	443385
	青贮玉米	**33.00**	**1000**	**330000**
	燕麦	0.55	600	3300
	紫花苜蓿	42.79	257	110085
吉 林		**101.97**	**148**	**151208**
	大麦	0.77	940	7238
	大麦	95.00	89	84550
	紫花苜蓿	6.20	958	59420
黑龙江		**219.00**	**124**	**271625**
	羊草	215.55	120	257825
	紫花苜蓿	3.45	400	13800
四 川		**2.56**	**1391**	**35650**
	多年生黑麦草	0.02	960	192
	毛苕子（非绿肥）	0.40	1000	4000
	燕麦	**0.08**	**600**	**498**
	紫花苜蓿	0.06	1600	960
	其他一年生饲草	2.00	1500	30000
西 藏		0.26	800	2040
	披碱草	0.26	800	2040
甘 肃		**96.57**	**631**	**609389**
	红豆草	1.20	133	1596
	红三叶	**0.40**	**700**	**2800**
	猫尾草	4.00	600	24000
	青贮青饲高粱	0.40	615	2460
	青贮玉米	1.97	890	17533
	燕麦	9.10	541	49250
	紫花苜蓿	79.50	644	511750
青 海		**1.50**	**700**	**10500**
	燕麦	1.50	700	10500
新 疆		**20.90**	**714**	**149319**
	燕麦	0.08	360	288
	紫花苜蓿	20.82	716	149031

商品草生产情况

单位：万亩、千克/亩、吨

商品干草产量	商品干草销售量	青贮量	青贮销售量	青贮销售量
728475	**548758**	**1510082**	**730755**	**730755**
510	**350**	**3**	2	2
510	350	3	2	2
3000	3000			
3000	3000			
49675	44675	570000	570000	570000
		570000	570000	570000
49675	44675			
80120	**59700**	**107325**	**28000**	**28000**
		7325		
30700	29700			
49420	30000	100000	28000	28000
75000	**50000**			
75000	50000			
6500	**5000**	**51**	51	51
3500	2000	1	1	1
3000	3000	50	50	50
1020	1020			
1020	1020			
374450	**332300**	**832601**	132600	132600
2800	**2000**			
21400	15400	21601	21600	21600
26500	25000			
323750	289900	811000	111000	111000
138200	**52713**	**102**	**102**	**102**
250	250			
137950	52463	102	102	102

第五部分

农 闲 田 统 计

一、农闲田面积情况

5-1　全国及牧区半牧区农闲田面积情况

单位：万亩

指标		全国	牧区半牧区		
			合计	牧区	半牧区
可利用面积	合计	10289.2	469.7	164.6	305.2
	冬闲田	5592.9	233.8	70.9	162.8
	夏秋闲田	1709.5	87.0	37.2	49.7
	果园隙地	1323.8	24.4	0.5	23.9
	四边地	930.5	44.3	0.3	44.0
	其他	732.6	80.3	55.6	24.7
已种草面积	合计	1005.7	134.8	31.8	103.0
	冬闲田	458.4	66.3	1.0	65.3
	夏秋闲田	288.6	41.5	30.2	11.3
	果园隙地	99.7	10.9	0.4	10.5
	四边地	67.1	5.0	0.1	4.9
	其他	91.9	11.1	0.1	11.1

5-2 各地区农闲田

地区	农闲田可利用面积					
	合计	冬闲田	夏秋闲田	果园隙地	四边地	其他
全国	**10289.2**	**5592.9**	**1709.5**	**1323.8**	**930.5**	**732.6**
河北	76.5	38.1	25.2	0.5	1.1	11.6
山西	14.5	9.2	4.0	0.2	0.5	0.6
内蒙古	159.2	70.1	5.3	0.7	30.3	52.8
辽宁	1.9	0.002	0.002	0.002	1.2	0.7
吉林	1.2				1.1	0.1
江苏	21.7	13.3	2.9	2.4	2.7	0.4
安徽	409.1	257.5	46.0	47.6	27.2	30.8
福建	299.4	167.3	41.5	36.3	34.1	20.3
江西	889.8	708.6	79.8	36.4	23.6	41.4
山东	259.7	127.9	74.9	35.6	9.6	11.6
河南	55.9	26.6	6.1	14.0	5.4	3.8
湖北	673.8	339.0	110.9	87.5	80.1	56.3
湖南	1566.0	899.0	305.3	222.2	87.0	52.5
广东	422.7	249.4	34.7	71.8	34.3	32.4
广西	1003.7	760.7	32.6	107.8	62.0	40.7
海南	3.2	0.6	0.3	1.0		1.3
重庆	544.0	297.3	101.1	76.5	40.4	28.7
四川	1410.1	626.5	193.3	236.4	209.6	144.3
贵州	484.2	266.8	115.8	44.0	30.6	27.1
云南	974.3	460.1	169.7	138.7	99.3	106.5
西藏	16.7	3.9	5.8	0.6	0.4	6.1
陕西	308.8	105.2	107.0	73.1	14.5	8.9
甘肃	368.2	64.8	194.8	56.6	24.9	27.1
青海	56.7	7.5	26.5	0.1	1.7	21.0
宁夏	92.7	87.3	4.1	0.5	0.1	0.7
新疆	162.6	5.7	17.6	26.5	108.9	4.0
新疆兵团	12.7	0.2	4.5	6.8	0.2	1.0

面积情况

单位：万亩

农闲田已种草面积					
合计	冬闲田	夏秋闲田	果园隙地	四边地	其他
1005.7	**458.4**	**288.6**	**99.7**	**67.1**	**91.9**
6.0	0.03	5.5	0.0	0.2	0.3
3.0	0.8	1.5	0.1	0.3	0.4
5.8	0.9	3.6	0.7	0.3	0.3
1.9	0.001	0.001	0.001	1.2	0.6
0.3				0.3	
9.4	7.6	0.8	0.2	0.6	0.3
8.3	4.0	1.9	0.2	0.3	2.0
9.6	7.6	1.8	0.04	0.2	0.1
18.9	10.7	2.1	1.0	2.5	2.7
16.5	0.2	15.0	0.02		1.3
1.9	0.0	0.2	0.2	0.1	1.4
34.8	15.0	12.2	2.8	2.3	2.6
41.4	15.0	3.8	16.2	3.1	3.3
11.3	7.1		0.5	3.1	0.6
12.2	5.7	1.2	1.4	1.3	2.6
14.4	5.3	5.4	0.7	1.6	1.3
222.0	129.8	35.6	28.3	16.1	12.3
107.3	73.9	20.5	3.5	5.3	4.1
256.8	133.3	55.9	21.2	18.9	27.4
3.9	1.6	1.0	0.6	0.4	0.3
38.2	1.5	31.3	1.5	2.0	1.9
87.4	10.5	54.8	7.1	6.5	8.5
27.4	0.2	14.6	0.1		12.5
27.8	24.9	2.3	0.003	0.003	0.6
36.6	2.6	16.7	12.9	0.5	3.8
2.4	0.2	1.0	0.4	0.1	0.7

5-3 各地区牧区半牧区

地 区	农闲田可利用面积					
	合计	冬闲田	夏秋闲田	果园隙地	四边地	其他
全 国	**469.7**	**233.8**	**87.0**	**24.4**	**44.3**	**80.3**
河 北	0.2	0.1	0.1	0.1		
内蒙古	147.3	70.1	1.0	0.01	30.0	46.2
四 川	193.8	140.3	15.0	14.4	7.3	16.8
云 南	26.2	18.5	1.8	0.5	5.4	0.004
西 藏	11.4	0.8	4.7	0.001	0.001	6.0
甘 肃	69.2	0.3	55.1	4.0	0.8	9.0
青 海	8.5	0.5	6.0	0.01	0.01	2.0
新 疆	13.1	3.3	3.3	5.4	0.8	0.3

5-4 各地区牧区

地 区	农闲田可利用面积					
	合计	冬闲田	夏秋闲田	果园隙地	四边地	其他
全 国	**164.6**	**70.9**	**37.2**	**0.5**	**0.3**	**55.6**
内蒙古	116.3	70.1				46.2
四 川	1.3	0.3				1.0
西 藏	6.1	0.4	0.4	0.001	0.001	5.4
甘 肃	31.5	0.2	30.2		0.1	1.0
青 海	8.1	0.01	6.0	0.01	0.01	2.0
新 疆	1.3		0.7	0.5	0.2	

农闲田面积情况

单位：万亩

农闲田已种草面积					
合计	冬闲田	夏秋闲田	果园隙地	四边地	其他
134.8	**66.3**	**41.5**	**10.9**	**5.0**	**11.1**
0.04	0.02	0.004	0.01		
0.9	0.9	0.01	0.01	0.01	0.01
73.4	52.2	7.0	6.6	0.8	6.7
17.4	12.6	0.8	0.5	3.5	0.004
0.6	0.4	0.001	0.001	0.001	0.2
36.5		31.0	1.1	0.4	4.0
6.0	0.2	2.6	2.7	0.3	0.2

农闲田面积情况

单位：万亩

农闲田已种草面积					
合计	冬闲田	夏秋闲田	果园隙地	四边地	其他
31.8	**1.0**	**30.2**	**0.4**	**0.1**	**0.1**
0.9	0.9				
0.2	0.1				0.1
0.01	0.001	0.001	0.001	0.001	0.001
30.0		30.0			
0.7		0.2	0.4	0.1	

5-5 各地区半牧区

地 区	农闲田可利用面积					
	合计	冬闲田	夏秋闲田	果园隙地	四边地	其他
全 国	**305.2**	**162.8**	**49.7**	**23.9**	**44.0**	**24.7**
河 北	0.2	0.1	0.1	0.1		
内蒙古	31.0	0.01	1.0	0.01	30.0	0.01
四 川	192.5	140.0	15.0	14.4	7.3	15.8
云 南	26.2	18.5	1.8	0.5	5.4	0.004
西 藏	5.3	0.4	4.3			0.6
甘 肃	37.7	0.1	24.9	4.0	0.7	8.0
青 海	0.4	0.4				
新 疆	11.8	3.3	2.6	4.9	0.7	0.3

农闲田面积情况

单位：万亩

农闲田已种草面积					
合计	冬闲田	夏秋闲田	果园隙地	四边地	其他
103.0	**65.3**	**11.3**	**10.5**	**4.9**	**11.1**
0.04	0.02	0.004	0.01		
0.05	0.01	0.01	0.01	0.01	0.01
73.2	52.1	7.0	6.6	0.8	6.7
17.4	12.6	0.8	0.5	3.5	0.004
0.6	0.4				0.2
6.5		1.0	1.1	0.4	4.0
5.3	0.2	2.4	2.3	0.2	0.2

二、农闲田

5-6 全国及牧区半牧区

区 域	饲草种类	饲草类别	合计	冬闲田
全 国			**1005.68**	**458.39**
		多年生	**180.61**	**66.19**
	白三叶		12.06	2.80
	冰草		0.46	
	串叶松香草		0.05	
	多年生黑麦草		64.80	43.65
	狗尾草		0.88	0.19
	狗牙根		0.03	0.03
	红豆草		2.67	0.10
	红三叶		0.07	
	菊苣		1.06	0.06
	聚合草		0.10	
	狼尾草		11.42	2.16
	老芒麦		0.02	0.001
	罗顿豆		0.32	0.16
	木本蛋白饲料		0.12	0.001
	木豆		0.02	0.001
	柠条		0.005	0.001
	牛鞭草		0.04	0.02
	披碱草		0.58	0.05
	旗草		0.009	
	雀稗		0.03	0.002
	沙打旺		0.23	0.001

种草情况

分种类农闲田种草情况

单位：万亩

夏秋闲田	果园隙地	四边地	其他
288.63	**99.69**	**67.11**	**91.87**
37.20	**23.42**	**24.08**	**29.73**
3.29	3.13	1.30	1.54
0.35	0.02	0.01	0.08
0.03		0.02	
7.45	3.61	4.49	5.59
0.05	0.17	0.16	0.30
2.15	0.30	0.02	0.10
	0.05	0.01	0.01
0.10	0.30	0.41	0.19
	0.06	0.04	
2.24	1.27	4.55	1.20
0.002	0.01		
	0.05	0.11	
0.006	0.002	0.01	0.10
0.001	0.001	0.001	0.02
0.001	0.001	0.001	0.001
0.004	0.007	0.006	0.01
0.24	0.11	0.08	0.10
			0.01
0.02	0.004	0.004	0.004
0.16	0.04	0.02	0.01

5-6 全国及牧区半牧区

区 域	饲草种类	饲草类别	合计	冬闲田
	苇状羊茅		0.25	0.002
	无芒雀麦		0.05	0.01
	鸭茅		5.93	0.08
	杂交酸模		0.35	0.2
	柱花草		0.33	0.001
	紫花苜蓿		65.11	12.98
	其他多年生饲草		13.64	3.70
		饲用作物	**68.35**	**29.85**
	饲用甘蓝		2.50	2.50
	饲用块根块茎作物		58.09	26.10
	饲用青稞		7.76	1.25
		一年生	**756.72**	**362.35**
	草谷子		0.83	0.12
	草木犀		0.72	0.10
	大麦		14.27	11.69
	黑麦		10.29	9.11
	多花黑麦草		204.19	141.73
	箭筈豌豆		12.70	9.69
	苦荬菜		0.16	
	毛苕子（非绿肥）		81.72	49.93
	墨西哥类玉米		4.04	1.17
	青莜麦		0.23	0.001
	青贮青饲高粱		25.66	3.02
	青贮玉米		208.77	47.58
	苏丹草		5.40	0.29
	小黑麦		18.76	4.87

分种类农闲田种草情况（续）

单位：万亩

夏秋闲田	果园隙地	四边地	其他
0.006	0.02	0.01	0.20
0.01	0.01	0.01	0.01
0.54	0.37	2.23	2.72
0.1	0.05		
0.001	0.12	0.08	0.12
17.81	12.17	7.87	14.29
2.63	1.54	2.63	3.14
21.50	**9.03**	**4.95**	**3.03**
15.00	9.03	4.94	3.02
6.50		0.002	0.002
229.92	**67.24**	**38.08**	**59.11**
0.70	0.002	0.002	0.002
0.30	0.11	0.10	0.10
0.21	0.07	1.96	0.35
0.02	0.65	0.30	0.21
18.49	23.96	11.61	8.40
0.22	2.54	0.24	0.002
0.03	0.05	0.08	0.01
14.62	8.55	1.71	6.91
1.16	0.21	0.91	0.58
0.23	0.001	0.001	0.001
19.34	0.05	1.79	1.46
121.04	4.97	11.27	23.92
3.20	0.36	0.96	0.59
12.33	0.23	1.29	0.04

5-6 全国及牧区半牧区

区　域	饲草种类	饲草类别	合计	冬闲田
牧区半牧区	燕麦		46.04	3.56
	籽粒苋		0.31	
	紫云英（非绿肥）		14.33	10.02
	其他一年生饲草		108.31	69.48
			134.78	**66.26**
		多年生	**12.72**	**2.52**
	白三叶		1.35	0.67
	冰草		0.31	
	多年生黑麦草		2.74	1.4
	菊苣		0.15	0.001
	老芒麦		0.02	0.001
	柠条		0.005	0.001
	披碱草		0.34	0.02
	沙打旺		0.002	0.001
	紫花苜蓿		7.71	0.38
	其他多年生饲草		0.11	0.04
		饲用作物	**17.69**	**5.89**
	饲用块根块茎作物		9.96	4.66
	饲用青稞		7.73	1.23
		一年生	**104.38**	**57.86**
	草谷子		0.005	0.001
	草木犀		0.70	0.10
	大麦		0.31	0.30
	多花黑麦草		0.41	0.10
	箭筈豌豆		2.84	0.44
	毛苕子（非绿肥）		28.82	14.90

分种类农闲田种草情况（续）

单位：万亩

夏秋闲田	果园隙地	四边地	其他
28.50	0.31	1.58	12.09
0.08		0.12	0.11
1.80	0.47	0.23	1.81
7.67	24.72	3.92	2.53
41.46	**10.95**	**4.97**	**11.14**
2.59	**2.38**	**0.88**	**4.36**
0.57	0.06	0.05	0.001
0.3	0.01		
0.90	0.21	0.09	0.14
0.02	0.13	0.001	0.002
0.002	0.01		
0.001	0.001	0.001	0.001
0.17	0.1	0.05	
0.001			
0.59	1.84	0.68	4.21
0.04	0.01	0.01	0.001
7.46	**2.11**	**2.21**	**0.01**
0.96	2.11	2.21	0.01
6.5			
31.42	**6.46**	**1.88**	**6.77**
0.001	0.001	0.001	0.001
0.30	0.10	0.10	0.10
0.001	0.001	0.001	0.001
0.08	0.14	0.08	0.01
0.10	2.30		
3.90	3.50	0.21	6.31

5-6 全国及牧区半牧区

区 域	饲草种类	饲草类别	合计	冬闲田
	墨西哥类玉米		0.76	0.76
	青莜麦		0.005	0.001
	青贮玉米		2.80	0.52
	小黑麦		11.59	0.09
	燕麦		16.84	2.33
	其他一年生饲草		39.31	38.31
牧 区			**31.77**	**1.00**
		多年生	**0.56**	
	冰草		0.01	
	多年生黑麦草		0.05	
	紫花苜蓿		0.50	
		饲用作物	**6.50**	
	饲用青稞		6.50	
		一年生	**24.71**	**1.00**
	草木犀		0.20	
	墨西哥类玉米		0.76	0.76
	青贮玉米		0.10	0.10
	小黑麦		11.50	
	燕麦		12.15	0.14
半牧区			**103.02**	**65.26**
		多年生	**12.16**	**2.52**
	白三叶		1.35	0.67
	冰草		0.30	
	多年生黑麦草		2.69	1.40
	菊苣		0.15	0.001
	老芒麦		0.02	0.001

分种类农闲田种草情况（续）

单位：万亩

夏秋闲田	果园隙地	四边地	其他
0.001	0.001	0.001	0.001
2.04	0.11	0.11	0.01
11.50			
12.89	0.10	1.27	0.23
0.60	0.2	0.1	0.1
30.20	**0.41**	**0.10**	**0.05**
	0.41	**0.10**	**0.05**
	0.01		
			0.05
	0.40	0.10	
6.50			
6.50			
23.70	**0.001**	**0.001**	**0.001**
0.20			
11.50			
12.00	0.001	0.001	0.001
11.26	**10.54**	**4.87**	**11.09**
2.59	**1.97**	**0.78**	**4.31**
0.57	0.06	0.05	0.001
0.30			
0.90	0.21	0.09	0.09
0.02	0.13	0.001	0.002
0.002	0.01		

5-6 全国及牧区半牧区

区　域	饲草种类	饲草类别	合计	冬闲田
	柠条		0.005	0.001
	披碱草		0.34	0.02
	沙打旺		0.002	0.001
	紫花苜蓿		7.21	0.38
	其他多年生饲草		0.11	0.04
		饲用作物	**11.19**	**5.89**
	饲用块根块茎作物		9.96	4.66
	饲用青稞		1.23	1.23
		一年生	**79.67**	**56.85**
	草谷子		0.005	0.001
	草木犀		0.50	0.10
	大麦		0.31	0.30
	多花黑麦草		0.41	0.10
	箭筈豌豆		2.84	0.44
	毛苕子（非绿肥）		28.82	14.90
	青莜麦		0.005	0.001
	青贮玉米		2.70	0.42
	小黑麦		0.09	0.09
	燕麦		4.69	2.19
	其他一年生饲草		39.31	38.31

分种类农闲田种草情况（续）

单位：万亩

夏秋闲田	果园隙地	四边地	其他
0.001	0.001	0.001	0.001
0.17	0.10	0.05	
0.001			
0.59	1.44	0.58	4.21
0.04	0.01	0.01	0.001
0.96	**2.11**	**2.21**	**0.01**
0.96	2.11	2.21	0.01
7.71	**6.46**	**1.88**	**6.77**
0.001	0.001	0.001	0.001
0.10	0.10	0.10	0.10
0.001	0.001	0.001	0.001
0.08	0.14	0.08	0.01
0.10	2.30		
3.90	3.50	0.21	6.31
0.001	0.001	0.001	0.001
2.04	0.11	0.11	0.01
0.60	0.20	0.10	0.23
0.60	0.20	0.10	0.10

5-7 各地区分种类农闲田种草情况

单位：万亩

地 区	饲草种类	合计	冬闲田	夏秋闲田	果园隙地	四边地	其他
合 计		**1005.68**	**458.39**	**288.63**	**99.69**	**67.11**	**91.87**
河 北		**6.01**	**0.03**	**5.47**	**0.03**	**0.20**	**0.29**
	草谷子	0.01	0.001	0.001	0.001	0.001	0.001
	串叶松香草	0.03		0.03			
	老芒麦	0.02	0.001	0.002	0.01		
	披碱草	0.02	0.02	0.001			
	青贮青饲高粱	0.70	0.001	0.30	0.001	0.20	0.20
	青贮玉米	5.14	0.001	5.13	0.001	0.001	0.001
	沙打旺	0.002	0.001	0.001			
	紫花苜蓿	0.10	0.001	0.001	0.01	0.001	0.09
山 西		**3.00**	**0.80**	**1.47**	**0.08**	**0.26**	**0.38**
	墨西哥类玉米	0.03		0.03			
	青莜麦	0.23		0.23			
	青贮玉米	1.10	0.002	1.08	0.002	0.002	0.01
	紫花苜蓿	1.65	0.80	0.13	0.08	0.26	0.37
内蒙古		**5.82**	**0.91**	**3.61**	**0.71**	**0.25**	**0.33**
	草谷子	0.01	0.001	0.001	0.001	0.001	0.001
	大麦	0.01	0.001	0.001	0.001	0.001	0.001
	墨西哥类玉米	0.76	0.76				
	柠条	0.01	0.001	0.001	0.001	0.001	0.001
	青莜麦	0.01	0.001	0.001	0.001	0.001	0.001
	青贮玉米	3.78	0.12	3.15	0.35	0.12	0.03
	饲用块根块茎作物	0.01	0.001	0.001	0.001	0.001	0.001

5-7　各地区分种类农闲田种草情况（续）

单位：万亩

地　区	饲草种类	合计	冬闲田	夏秋闲田	果园隙地	四边地	其他
	燕麦	0.01	0.001	0.001	0.001	0.001	0.001
	紫花苜蓿	1.24	0.02	0.45	0.35	0.12	0.29
	其他多年生饲草	0.01	0.001	0.001	0.001	0.001	0.001
辽　宁		**1.86**				**1.21**	**0.65**
	青贮玉米	0.65				0.001	0.65
	紫花苜蓿	1.21				1.21	
吉　林		**0.30**				**0.30**	
	青贮玉米	0.16				0.16	
	紫花苜蓿	0.14				0.14	
江　苏		**9.40**	**7.60**	**0.80**	**0.17**	**0.59**	**0.25**
	白三叶	0.22	0.07	0.07	0.08	0.001	0.001
	大麦	2.00	2.00				
	黑麦	0.002	0.002				
	多花黑麦草	0.87	0.47	0.19	0.06	0.08	0.07
	多年生黑麦草	0.06	0.02	0.02	0.01	0.01	
	菊苣	0.03		0.02		0.01	0.01
	青贮玉米	5.20	5.00	0.20		0.01	
	饲用块根块茎作物	0.80		0.15		0.48	0.17
	苏丹草	0.16	0.001	0.15	0.001	0.001	0.001
	紫花苜蓿	0.04	0.03		0.01		
	其他一年生饲草	0.02		0.004	0.003	0.01	
安　徽		**8.30**	**3.98**	**1.87**	**0.23**	**0.27**	**1.96**
	白三叶	0.01	0.001	0.001	0.001	0.001	0.001

5-7 各地区分种类农闲田种草情况（续）

单位：万亩

地 区	饲草种类	合计	冬闲田	夏秋闲田	果园隙地	四边地	其他
	大麦	1.16	0.86	0.01	0.02	0.04	0.23
	黑麦	0.001	0.001				
	多花黑麦草	1.87	1.33	0.30	0.08	0.14	0.03
	多年生黑麦草	0.13	0.07	0.03	0.02	0.01	0.01
	狗牙根	0.03	0.03				
	菊苣	0.07	0.03	0.02	0.01	0.01	0.01
	木本蛋白饲料	0.02	0.001	0.01	0.002	0.01	0.001
	牛鞭草	0.003	0.001		0.001	0.001	
	青贮青饲高粱	0.18					0.18
	青贮玉米	4.52	1.52	1.42	0.06	0.03	1.48
	苏丹草	0.11	0.001	0.06	0.02	0.02	0.02
	小黑麦	0.03	0.01	0.01	0.01	0.01	0.01
	紫花苜蓿	0.17	0.11	0.01	0.01	0.01	0.01
	紫云英（非绿肥）	0.02	0.02				
	其他多年生饲草	0.01	0.01				
福 建		**9.63**	**7.55**	**1.76**	**0.04**	**0.22**	**0.06**
	黑麦	0.21	0.18		0.01	0.03	0.001
	多花黑麦草	0.48	0.38	0.03	0.01	0.05	0.004
	多年生黑麦草	0.04	0.01	0.004	0.001	0.02	0.01
	狗尾草	0.13	0.06	0.05	0.01		0.01
	狼尾草	0.18	0.05	0.003	0.01	0.12	0.004
	墨西哥类玉米	0.19	0.06	0.12	0.001	0.004	0.001
	青贮玉米	0.72	0.59	0.13	0.001	0.001	0.001

5-7 各地区分种类农闲田种草情况（续）

单位：万亩

地区	饲草种类	合计	冬闲田	夏秋闲田	果园隙地	四边地	其他
	雀稗	0.02	0.001	0.02	0.001	0.001	0.003
	小黑麦	0.58	0.58				
	紫云英（非绿肥）	7.05	5.63	1.40	0.004	0.002	0.01
	其他多年生饲草	0.01	0.001	0.001	0.001	0.001	0.01
	其他一年生饲草	0.02	0.02				
江　西		**18.90**	**10.71**	**2.05**	**0.96**	**2.52**	**2.66**
	白三叶	0.02			0.02	0.001	
	多花黑麦草	13.51	9.84	0.08	0.55	1.05	1.98
	菊苣	0.03			0.01	0.01	0.01
	狼尾草	0.62			0.13	0.26	0.23
	墨西哥类玉米	0.12			0.01	0.01	0.10
	青贮青饲高粱	0.40		0.27	0.001	0.03	0.11
	青贮玉米	1.98		1.61	0.03	0.25	0.09
	苏丹草	0.97		0.09	0.20	0.65	0.02
	籽粒苋	0.23				0.12	0.11
	紫云英（非绿肥）	1.02	0.87		0.01	0.13	0.01
	其他一年生饲草	0.01					0.01
山　东		**16.55**	**0.20**	**15.04**	**0.02**		**1.28**
	青贮玉米	15.30		14.74	0.02		0.54
	紫花苜蓿	1.18	0.14	0.30			0.74
	其他一年生饲草	0.06	0.06				
河　南		**1.94**	**0.001**	**0.18**	**0.21**	**0.14**	**1.40**
	多年生黑麦草	0.09			0.02	0.04	0.04

5-7 各地区分种类农闲田种草情况（续）

单位：万亩

地 区	饲草种类	合计	冬闲田	夏秋闲田	果园隙地	四边地	其他
	青贮玉米	0.12		0.12		0.001	0.001
	紫云英（非绿肥）	1.72		0.06	0.19	0.10	1.36
	其他多年生饲草	0.003			0.001	0.001	0.001
	其他一年生饲草	0.01	0.001	0.001	0.001	0.001	0.001
湖 北		**34.85**	**14.99**	**12.24**	**2.75**	**2.31**	**2.56**
	白三叶	0.01	0.01				
	大麦	1.70	1.20			0.40	0.10
	黑麦	2.43	2.39			0.02	0.02
	多花黑麦草	12.77	9.49	0.01	1.75	0.82	0.70
	墨西哥类玉米	0.03		0.03			
	青贮青饲高粱	2.10		2.10			
	青贮玉米	9.70		7.77		0.77	1.16
	饲用块根块茎作物	0.20		0.10		0.10	
	苏丹草	1.81		1.23		0.20	0.38
	小黑麦	0.10	0.10				
	紫云英（非绿肥）	1.00	0.80				0.20
	其他一年生饲草	3.00	1.00	1.00	1.00		
湖 南		**41.43**	**15.03**	**3.81**	**16.21**	**3.06**	**3.32**
	白三叶	1.64	0.08	0.04	0.85	0.10	0.57
	黑麦	0.82	0.50	0.02	0.18	0.01	0.11
	多花黑麦草	5.11	3.48	0.27	0.54	0.38	0.43
	多年生黑麦草	2.04	0.66	0.34	0.27	0.22	0.56
	狗尾草	0.002	0.001	0.001			

5-7　各地区分种类农闲田种草情况（续）

单位：万亩

地　区	饲草种类	合计	冬闲田	夏秋闲田	果园隙地	四边地	其他
	红豆草	0.20	0.10		0.10		
	苦荬菜	0.02			0.02		
	狼尾草	0.22	0.003	0.04	0.07	0.09	0.02
	罗顿豆	0.32	0.16		0.05	0.11	
	墨西哥类玉米	0.98	0.29	0.17	0.16	0.25	0.10
	牛鞭草	0.02	0.002	0.004	0.003	0.003	0.003
	青贮青饲高粱	0.04		0.003		0.002	0.03
	青贮玉米	3.25	0.30	1.16	0.39	0.72	0.68
	饲用块根块茎作物	0.21	0.08	0.05	0.05	0.01	0.02
	苏丹草	0.65	0.03	0.54	0.03	0.01	0.04
	小黑麦	0.12	0.09	0.01	0.01	0.01	0.01
	燕麦	0.01	0.01			0.01	
	紫花苜蓿	0.54	0.52		0.03		
	紫云英（非绿肥）	2.77	2.06	0.34	0.15		0.22
	其他多年生饲草	3.34	1.61	0.82	0.29	0.10	0.52
	其他一年生饲草	19.15	5.05	0.01	13.03	1.04	0.01
广　东		**11.32**	**7.12**		**0.55**	**3.08**	**0.58**
	黑麦	2.15	1.70		0.25	0.20	
	多花黑麦草	4.92	4.29		0.15	0.17	0.31
	多年生黑麦草	0.17	0.14		0.03		
	狼尾草	2.74	0.64			1.83	0.27
	墨西哥类玉米	0.54				0.54	
	青贮玉米	0.61	0.32			0.29	

5-7 各地区分种类农闲田种草情况（续）

单位：万亩

地 区	饲草种类	合计	冬闲田	夏秋闲田	果园隙地	四边地	其他
	柱花草	0.16			0.12	0.04	
	紫云英（非绿肥）	0.03	0.03				
广 西		**12.22**	**5.67**	**1.21**	**1.42**	**1.29**	**2.63**
	黑麦	0.06	0.06				
	多花黑麦草	3.73	3.02	0.04	0.11	0.11	0.45
	多年生黑麦草	0.64	0.28	0.001	0.15	0.10	0.11
	狗尾草	0.27	0.03		0.04	0.04	0.15
	狼尾草	3.23	1.15	0.40	0.48	0.73	0.47
	墨西哥类玉米	0.22	0.05	0.10	0.04	0.01	0.02
	青贮玉米	1.98	0.67	0.37	0.12	0.06	0.76
	苏丹草	0.01				0.01	
	柱花草	0.16				0.04	0.12
	紫云英（非绿肥）	0.01	0.01	0.001	0.001	0.001	0.001
	其他多年生饲草	0.97	0.03	0.22	0.44	0.07	0.21
	其他一年生饲草	0.94	0.37	0.08	0.05	0.12	0.33
重 庆		**14.36**	**5.33**	**5.37**	**0.71**	**1.62**	**1.34**
	白三叶	0.48			0.03	0.27	0.18
	串叶松香草	0.02				0.02	
	黑麦	0.13	0.12			0.004	
	多花黑麦草	4.73	3.20	0.60	0.17	0.44	0.32
	多年生黑麦草	0.27			0.12	0.07	0.08
	狗尾草	0.01				0.01	
	红三叶	0.03			0.02	0.01	0.01

5-7　各地区分种类农闲田种草情况（续）

单位：万亩

地　区	饲草种类	合计	冬闲田	夏秋闲田	果园隙地	四边地	其他
	菊苣	0.03			0.001	0.02	0.002
	聚合草	0.002			0.001	0.001	
	苦荬菜	0.001				0.001	
	狼尾草	0.11			0.02	0.05	0.03
	墨西哥类玉米	0.06		0.02		0.01	0.03
	木本蛋白饲料	0.10					0.10
	牛鞭草	0.01			0.003	0.002	0.001
	青贮青饲高粱	1.28		0.94	0.01	0.09	0.23
	青贮玉米	1.99		1.61	0.06	0.03	0.29
	饲用块根块茎作物	4.88	2.00	2.11	0.26	0.52	
	苏丹草	0.15		0.09	0.01	0.05	
	紫花苜蓿	0.08			0.01	0.02	0.06
	紫云英（非绿肥）	0.004	0.004				
	其他多年生饲草	0.04			0.002	0.002	0.03
四　川		**222.04**	**129.78**	**35.59**	**28.28**	**16.11**	**12.28**
	白三叶	2.70	0.82	0.79	0.89	0.14	0.07
	大麦	1.13	0.60	0.20	0.05	0.26	0.02
	黑麦	0.73	0.58		0.15		
	多花黑麦草	62.96	31.05	9.71	14.98	5.22	2.01
	多年生黑麦草	40.44	35.47	1.52	0.74	2.23	0.47
	狗尾草	0.03					0.03
	红三叶	0.04			0.04		
	箭筈豌豆	2.60	0.20	0.10	2.30		

5–7 各地区分种类农闲田种草情况（续）

单位：万亩

地 区	饲草种类	合计	冬闲田	夏秋闲田	果园隙地	四边地	其他
	菊苣	0.54	0.03	0.04	0.14	0.17	0.17
	苦荬菜	0.14		0.03	0.03	0.08	0.01
	狼尾草	1.76	0.002	0.60	0.10	0.95	0.10
	毛苕子（非绿肥）	24.54	10.62	3.90	3.50	0.21	6.31
	墨西哥类玉米	1.08	0.001	0.67	0.002	0.09	0.33
	牛鞭草	0.01	0.01				
	披碱草	0.32		0.17	0.10	0.05	
	青贮青饲高粱	1.42	0.05	1.17	0.03	0.17	
	青贮玉米	17.78	1.21	11.76	0.09	3.70	1.02
	饲用块根块茎作物	15.40	8.36	2.05	3.14	1.25	0.61
	苏丹草	1.56	0.26	1.04	0.11	0.03	0.13
	苇状羊茅	0.10	0.002	0.01	0.02	0.01	0.05
	小黑麦	0.01	0.01		0.002	0.003	
	鸭茅	0.18	0.002	0.002	0.14	0.03	0.002
	燕麦	0.59	0.14	0.39	0.001	0.02	0.03
	杂交酸模	0.35	0.20	0.10	0.05		
	籽粒苋	0.08		0.08		0.003	
	紫花苜蓿	2.56	0.30	0.29	0.47	1.11	0.39
	紫云英（非绿肥）	0.21	0.10	0.003	0.11		
	其他多年生饲草	0.54	0.04	0.04	0.14	0.13	0.19
	其他一年生饲草	42.27	39.75	0.96	0.95	0.26	0.35
贵 州		**107.28**	**73.91**	**20.55**	**3.47**	**5.29**	**4.07**
	白三叶	3.74	1.63	1.59	0.17	0.11	0.23

5-7　各地区分种类农闲田种草情况（续）

单位：万亩

地　区	饲草种类	合计	冬闲田	夏秋闲田	果园隙地	四边地	其他
	黑麦	0.86	0.86	0.001	0.001	0.001	0.001
	多花黑麦草	48.68	44.75	1.81	1.18	0.67	0.28
	多年生黑麦草	12.23	5.61	2.80	1.11	0.90	1.82
	箭筈豌豆	8.18	7.94		0.24		
	菊苣	0.01	0.01	0.003			
	狼尾草	1.47	0.10	1.20	0.11	0.03	0.03
	墨西哥类玉米	0.02		0.02			
	牛鞭草	0.01					0.01
	青贮青饲高粱	5.59	0.54	3.97		0.68	0.40
	青贮玉米	13.38	5.19	7.38	0.002	0.54	0.26
	雀稗	0.01	0.001	0.001	0.001	0.001	0.001
	饲用甘蓝	2.50	2.50				
	饲用块根块茎作物	2.17	1.00	1.00	0.16	0.001	0.001
	苇状羊茅	0.15					0.15
	小黑麦	1.50	1.50				
	鸭茅	2.42	0.01	0.004	0.09	2.00	0.32
	柱花草	0.01	0.001	0.001	0.001	0.001	0.001
	紫花苜蓿	0.58	0.06	0.08	0.32	0.12	0.001
	紫云英（非绿肥）	0.50	0.50				
	其他多年生饲草	2.19	1.23	0.38	0.06	0.20	0.32
	其他一年生饲草	1.10	0.49	0.31	0.04	0.02	0.24
云　南		**256.79**	**133.31**	**55.94**	**21.23**	**18.91**	**27.40**
	白三叶	2.93	0.20	0.64	1.06	0.55	0.48

5–7　各地区分种类农闲田种草情况（续）

单位：万亩

地　区	饲草种类	合计	冬闲田	夏秋闲田	果园隙地	四边地	其他
	大麦	7.96	6.78			1.18	
	黑麦	0.04	0.01			0.03	
	多花黑麦草	44.56	30.43	5.46	4.35	2.48	1.83
	多年生黑麦草	8.68	1.40	2.73	1.16	0.90	2.50
	狗尾草	0.45	0.10		0.12	0.11	0.12
	箭筈豌豆	0.17	0.17	0.001	0.01	0.001	0.001
	菊苣	0.16	0.001	0.02	0.13	0.001	0.002
	狼尾草	1.10	0.22	0.01	0.34	0.48	0.05
	毛苕子（非绿肥）	54.96	39.31	8.50	5.05	1.50	0.60
	木豆	0.02	0.001	0.001	0.001	0.001	0.02
	旗草	0.01					0.01
	青贮青饲高粱	0.04	0.001	0.04	0.001	0.001	0.001
	青贮玉米	48.18	10.29	24.52	2.04	1.55	9.79
	雀稗	0.004			0.002	0.002	
	饲用块根块茎作物	27.07	14.65	7.30	0.32	2.58	2.22
	饲用青稞	1.23	1.23				
	无芒雀麦	0.05	0.01	0.01	0.01	0.01	0.01
	小黑麦	4.19	2.32	0.36	0.21	1.27	0.03
	鸭茅	3.33	0.07	0.53	0.14	0.20	2.39
	燕麦	5.12	2.61	0.30	0.001	1.40	0.80
	紫花苜蓿	8.85	1.31	1.37	1.32	1.09	3.77
	其他多年生饲草	6.52	0.78	1.18	0.61	2.11	1.85
	其他一年生饲草	31.19	21.42	2.99	4.36	1.48	0.95

5-7　各地区分种类农闲田种草情况（续）

单位：万亩

地　区	饲草种类	合计	冬闲田	夏秋闲田	果园隙地	四边地	其他
西　藏		**3.89**	**1.62**	**0.98**	**0.62**	**0.36**	**0.31**
	草木犀	0.01	0.001	0.001	0.001	0.001	0.001
	箭筈豌豆	0.96	0.83	0.12		0.01	0.001
	披碱草	0.24	0.03	0.07	0.01	0.03	0.10
	饲用青稞	0.03	0.02	0.004		0.002	0.002
	小黑麦	0.74	0.28	0.45		0.01	0.002
	燕麦	0.61	0.28	0.12	0.002	0.01	0.20
	紫花苜蓿	1.31	0.19	0.21	0.60	0.30	0.001
陕　西		**38.22**	**1.48**	**31.27**	**1.49**	**2.04**	**1.92**
	白三叶	0.32		0.16	0.03	0.13	0.002
	草木犀	0.01			0.01		
	黑麦	0.39	0.25		0.06	0.01	0.07
	多花黑麦草	0.04			0.03	0.004	
	多年生黑麦草	0.002	0.002				
	菊苣	0.20				0.20	
	聚合草	0.10			0.06	0.04	
	青贮青饲高粱	0.95		0.86		0.04	0.06
	青贮玉米	30.41		28.87	0.80	0.31	0.42
	沙打旺	0.23		0.16	0.04	0.02	0.01
	燕麦	0.21		0.21			
	紫花苜蓿	3.32	0.24	1.01	0.44	0.29	1.34
	其他一年生饲草	2.04	1.00		0.02	1.00	0.02

5–7 各地区分种类农闲田种草情况（续）

单位：万亩

地　区	饲草种类	合计	冬闲田	夏秋闲田	果园隙地	四边地	其他
甘　肃		**87.44**	**10.50**	**54.83**	**7.13**	**6.46**	**8.53**
	冰草	0.15		0.05	0.01	0.01	0.08
	草谷子	0.82	0.12	0.70			
	大麦	0.33	0.25			0.07	
	多年生黑麦草	0.003		0.001		0.002	
	红豆草	2.47		2.15	0.20	0.02	0.10
	箭筈豌豆	0.78	0.56	0.001	0.001	0.23	
	毛苕子（非绿肥）	2.22		2.22			
	青贮青饲高粱	1.13	0.33	0.23		0.58	
	青贮玉米	18.13	6.48	6.14	0.43	2.62	2.47
	饲用块根块茎作物	2.25		2.25			
	饲用青稞	6.50		6.50			
	小黑麦	11.50		11.50			
	燕麦	14.98	0.53	13.75	0.30	0.15	0.26
	紫花苜蓿	25.65	1.94	9.13	6.19	2.77	5.62
	其他一年生饲草	0.52	0.31	0.21			
青　海		**27.35**	**0.20**	**14.60**	**0.05**		**12.50**
	青贮玉米	2.23		1.18	0.05		1.00
	燕麦	24.22		13.42			10.80
	紫花苜蓿	0.90	0.20				0.70
宁　夏		**27.83**	**24.88**	**2.30**	**0.003**	**0.003**	**0.64**
	黑麦	2.46	2.46	0.003	0.001	0.001	0.001
	青贮青饲高粱	2.10	2.10				

5-7　各地区分种类农闲田种草情况（续）

单位：万亩

地　区	饲草种类	合计	冬闲田	夏秋闲田	果园隙地	四边地	其他
	青贮玉米	15.05	15.05				
	苏丹草	0.01	0.001	0.001	0.001	0.001	0.001
	紫花苜蓿	8.21	5.27	2.30	0.001	0.001	0.64
新　疆		**36.60**	**2.59**	**16.72**	**12.93**	**0.53**	**3.83**
	冰草	0.31		0.30	0.01		
	草木犀	0.71	0.10	0.30	0.10	0.10	0.10
	青贮青饲高粱	9.47		9.47			
	青贮玉米	6.06	0.63	2.09	0.33	0.04	2.98
	饲用块根块茎作物	5.11	0.01	0.001	5.10	0.001	0.001
	燕麦	0.003	0.001	0.001	0.001		
	紫花苜蓿	7.14	1.84	2.46	2.32	0.39	0.12
	其他一年生饲草	7.79	0.002	2.10	5.07	0.001	0.62
新疆兵团		**2.37**	**0.20**	**1.00**	**0.41**	**0.08**	**0.69**
	狗尾草	0.01	0.001	0.001	0.001	0.001	0.001
	青贮青饲高粱	0.26					0.26
	青贮玉米	1.35	0.20	0.62	0.20	0.05	0.28
	燕麦	0.30		0.30			
	紫花苜蓿	0.25	0.002	0.08	0.002	0.03	0.15
	其他一年生饲草	0.21	0.001	0.001	0.20	0.001	0.001

5-8 各地区牧区半牧区分种类农闲田种草情况

单位：万亩

地 区	饲草种类	合计	冬闲田	夏秋闲田	果园隙地	四边地	其他
合 计		**134.78**	**66.26**	**41.46**	**10.95**	**4.97**	**11.14**
河 北		**0.04**	**0.02**	**0.004**	**0.01**		
	老芒麦	0.02	0.001	0.002	0.012		
	披碱草	0.02	0.02	0.001			
	沙打旺	0.002	0.001	0.001			
内蒙古		**0.91**	**0.87**	**0.009**	**0.009**	**0.009**	**0.009**
	柠条	0.005	0.001	0.001	0.001	0.001	0.001
	紫花苜蓿	0.005	0.001	0.001	0.001	0.001	0.001
	饲用块根块茎作物	0.005	0.001	0.001	0.001	0.001	0.001
	草谷子	0.005	0.001	0.001	0.001	0.001	0.001
	大麦	0.005	0.001	0.001	0.001	0.001	0.001
	墨西哥类玉米	0.76	0.76				
	青莜麦	0.005	0.001	0.001	0.001	0.001	0.001
	青贮玉米	0.105	0.101	0.001	0.001	0.001	0.001
	燕麦	0.005	0.001	0.001	0.001	0.001	0.001
	其他多年生牧草	0.005	0.001	0.001	0.001	0.001	0.001
四 川		**73.39**	**52.21**	**7.05**	**6.62**	**0.79**	**6.72**
	白三叶	1.35	0.67	0.57	0.06	0.05	0.001
	多年生黑麦草	2.74	1.40	0.90	0.21	0.09	0.14
	披碱草	0.32		0.17	0.10	0.05	

5-8　各地区牧区半牧区分种类农闲田种草情况（续）

单位：万亩

地　区	饲草种类	合计	冬闲田	夏秋闲田	果园隙地	四边地	其他
	紫花苜蓿	1.05	0.28	0.29	0.21	0.16	0.11
	饲用块根块茎作物	0.49	0.26	0.20	0.01	0.01	0.01
	多花黑麦草	0.18		0.08	0.01	0.08	0.01
	箭筈豌豆	2.60	0.20	0.10	2.30		
	毛苕子（非绿肥）	24.42	10.50	3.90	3.50	0.21	6.31
	青贮玉米	0.46	0.42	0.01	0.01	0.01	0.01
	燕麦	0.38	0.14	0.19		0.02	0.03
	其他多年生牧草	0.10	0.04	0.04	0.01	0.01	
	其他一年生牧草	39.31	38.31	0.60	0.20	0.10	0.10
云　南		**17.40**	**12.57**	**0.80**	**0.49**	**3.52**	**0.004**
	菊苣	0.15	0.001	0.02	0.13	0.001	0.002
	紫花苜蓿	0.35			0.23	0.12	
	饲用块根块茎作物	7.36	4.40	0.76		2.20	
	饲用青稞	1.23	1.23				
	大麦	0.3	0.30				
	多花黑麦草	0.23	0.10		0.13		
	箭筈豌豆	0.02	0.02				
	毛苕子（非绿肥）	4.4	4.40				
	青贮玉米	0.03	0.001	0.03	0.001	0.001	0.001
	燕麦	3.33	2.13	0.001	0.001	1.20	0.001

5-8 各地区牧区半牧区分种类农闲田种草情况（续）

单位：万亩

地 区	饲草种类	合计	冬闲田	夏秋闲田	果园隙地	四边地	其他
西 藏		**0.59**	**0.38**	**0.001**	**0.001**	**0.001**	**0.20**
	箭筈豌豆	0.23	0.23				
	小黑麦	0.09	0.09				
	燕麦	0.27	0.07	0.001	0.001	0.001	0.20
甘 肃		**36.45**		**31.00**	**1.10**	**0.35**	**4.00**
	紫花苜蓿	5.40		0.30	0.90	0.20	4.00
	饲用青稞	6.50		6.50			
	青贮玉米	0.20			0.10	0.10	
	小黑麦	11.50		11.50			
	燕麦	12.85		12.70	0.10	0.05	
新 疆		**6.02**	**0.20**	**2.60**	**2.71**	**0.30**	**0.20**
	冰草	0.31		0.30	0.01		
	紫花苜蓿	0.90	0.10		0.50	0.20	0.10
	饲用块根块茎作物	2.10			2.10		
	草木犀	0.70	0.10	0.30	0.10	0.10	0.10
	青贮玉米	2.01	0.001	2.00	0.001	0.001	0.001
	燕麦	0.003	0.001	0.001	0.001		

5-9　各地区牧区分种类农闲田种草情况

单位：万亩

地　区	饲草种类	合计	冬闲田	夏秋闲田	果园隙地	四边地	其他
合　计		**62.66**	**1.142**	**60.402**	**0.822**	**0.202**	**0.102**
内蒙古		**31.77**	**1.00**	**30.20**	**0.41**	**0.10**	**0.05**
	冰草	0.01			0.01		
	多年生黑麦草	0.05					0.05
	紫花苜蓿	0.50			0.40	0.10	
	饲用青稞	6.50		6.50			
	草木犀	0.20		0.20			
	墨西哥类玉米	0.76	0.76				
	青贮玉米	0.10	0.10				
	小黑麦	11.50		11.50			
	燕麦	12.15	0.14	12.00	0.001	0.001	0.001
四　川		**0.19**	**0.14**				**0.05**
	多年生黑麦草	0.05					0.05
	燕麦	0.14	0.14				
西　藏		**0.005**	**0.001**	**0.001**	**0.001**	**0.001**	**0.001**
	燕麦	0.005	0.001	0.001	0.001	0.001	0.001
甘　肃		**30.00**		**30.00**			
	饲用青稞	6.50		6.50			
	小黑麦	11.50		11.50			
	燕麦	12.00		12.00			
新　疆		**0.71**		**0.20**	**0.41**	**0.10**	
	冰草	0.01			0.01		
	紫花苜蓿	0.50			0.40	0.10	
	草木犀	0.20		0.20			

5-10 各地区半牧区分种类农闲田种草情况

单位：万亩

地　区	饲草种类	合计	冬闲田	夏秋闲田	果园隙地	四边地	其他
合 计		**103.02**	**65.26**	**11.26**	**10.54**	**4.87**	**11.09**
河 北		**0.04**	**0.02**	**0.004**	**0.01**		
	老芒麦	0.02	0.001	0.002	0.01		
	披碱草	0.02	0.02	0.001			
	沙打旺	0.002	0.001	0.001			
内蒙古		**0.05**	**0.009**	**0.009**	**0.009**	**0.009**	**0.009**
	柠条	0.005	0.001	0.001	0.001	0.001	0.001
	紫花苜蓿	0.005	0.001	0.001	0.001	0.001	0.001
	饲用块根块茎作物	0.005	0.001	0.001	0.001	0.001	0.001
	草谷子	0.005	0.001	0.001	0.001	0.001	0.001
	大麦	0.005	0.001	0.001	0.001	0.001	0.001
	青莜麦	0.005	0.001	0.001	0.001	0.001	0.001
	青贮玉米	0.005	0.001	0.001	0.001	0.001	0.001
	燕麦	0.005	0.001	0.001	0.001	0.001	0.001
	其他多年生牧草	0.005	0.001	0.001	0.001	0.001	0.001
四 川		**73.20**	**52.07**	**7.05**	**6.62**	**0.79**	**6.67**
	白三叶	1.35	0.67	0.57	0.06	0.05	0.001
	多年生黑麦草	2.69	1.40	0.90	0.21	0.09	0.09
	披碱草	0.32		0.17	0.10	0.05	
	紫花苜蓿	1.05	0.28	0.29	0.21	0.16	0.11

5-10　各地区半牧区饲草分种类农闲田种草情况（续）

单位：万亩

地　区	饲草种类	合计	冬闲田	夏秋闲田	果园隙地	四边地	其他
	饲用块根块茎作物	0.49	0.26	0.20	0.01	0.01	0.01
	多花黑麦草	0.18		0.08	0.01	0.08	0.01
	箭筈豌豆	2.60	0.20	0.10	2.30		
	毛苕子（非绿肥）	24.42	10.50	3.9	3.5	0.21	6.31
	青贮玉米	0.46	0.42	0.01	0.01	0.01	0.01
	燕麦	0.24		0.19		0.02	0.03
	其他多年生牧草	0.10	0.04	0.04	0.01	0.01	
	其他一年生牧草	39.31	38.31	0.60	0.20	0.10	0.10
云 南		**17.40**	**12.57**	**0.80**	**0.49**	**3.52**	**0.004**
	菊苣	0.15	0.001	0.015	0.131	0.001	0.002
	紫花苜蓿	0.35			0.23	0.12	
	饲用块根块茎作物	7.36	4.40	0.76		2.20	
	饲用青稞	1.23	1.23				
	大麦	0.30	0.30				
	多花黑麦草	0.23	0.1		0.13		
	箭筈豌豆	0.02	0.02				
	毛苕子（非绿肥）	4.40	4.40				
	青贮玉米	0.03	0.001	0.03	0.001	0.001	0.001
	燕麦	3.33	2.13	0.001	0.001	1.201	0.001

5-10 各地区半牧区饲草分种类农闲田种草情况（续）

单位：万亩

地 区	饲草种类	合计	冬闲田	夏秋闲田	果园隙地	四边地	其他
西 藏		**0.58**	**0.38**				**0.20**
	箭筈豌豆	0.23	0.23				
	小黑麦	0.09	0.09				
	燕麦	0.27	0.07				0.20
甘 肃		**6.45**		**1.00**	**1.10**	**0.35**	**4.00**
	紫花苜蓿	5.40		0.30	0.90	0.20	4.00
	青贮玉米	0.20			0.10	0.10	
	燕麦	0.85		0.70	0.10	0.05	
新 疆		**5.31**	**0.20**	**2.40**	**2.30**	**0.20**	**0.20**
	冰草	0.30		0.30			
	紫花苜蓿	0.40	0.10		0.10	0.10	0.10
	饲用块根块茎作物	2.10			2.10		
	草木犀	0.50	0.10	0.10	0.10	0.10	0.10
	青贮玉米	2.01	0.001	2.001	0.001	0.001	0.001
	燕麦	0.003	0.001	0.001	0.001		

第六部分

农副资源饲用统计

6-1 全国及牧区半牧区分类别农副资源饲用情况

单位：吨

地区	类别	秸秆类			非秸秆类饲用量
		生产量	饲用量	加工饲用量	
全国		**335433563**	**100625705**	**50052863**	**11267908**
	饼粕				1152532
	稻秸	48730144	6861563	1614262	
	豆渣				344603
	甘蔗梢				1228058
	红薯秧				1866149
	花生秧				2491824
	酒糟				1980613
	麦秸	50081797	9551001	3492147	
	其他秸秆	23988257	9641135	4852804	
	玉米秸	212633365	74572006	40093650	
	其他农副资源				2204129
牧区半牧区		**64400334**	**28007193**	**17039910**	**1599588**
	饼粕				238492
	稻秸	2224332	368566	76709	
	豆渣				1299
	红薯秧				12000
	花生秧				1
	酒糟				218894
	麦秸	1529773	680897	118080	

6-1 全国及牧区半牧区分类别农副资源饲用情况（续）

单位：吨

地 区	类 别	秸秆类			非秸秆类饲用量
		生产量	饲用量	加工饲用量	
	其他秸秆	6929948	3655969	2651663	
	玉米秸	53716281	23301761	14193458	
	其他农副资源				1128902
牧区		**6392740**	**3760718**	**1839411**	**5000**
	稻秸	165292	15475	250	
	麦秸	399889	147419	49810	
	其他秸秆	600093	297769	66305	
	玉米秸	5227466	3300055	1723046	
	其他农副资源				5000
半牧区		**58007594**	**24246475**	**15200499**	**1594588**
	饼粕				238492
	稻秸	2059040	353091	76459	
	豆渣				1299
	红薯秧				12000
	花生秧				1
	酒糟				218894
	麦秸	1129884	533478	68270	
	其他秸秆	6329855	3358200	2585358	
	玉米秸	48488815	20001706	12470412	
	其他农副资源				1123902

6-2　各地区分类别农副资源饲用情况

单位：吨

地　区	类　别	秸秆类			非秸秆类饲用量
		生产量	饲用量	加工饲用量	
合　计		**335433563**	**100625705**	**50052863**	**11267908**
河　北		**7310670**	**2404112**	**1855847**	**20183**
	饼粕				30
	稻秸	1921			
	红薯秧				5738
	花生秧				14105
	麦秸	1260429	12	6	
	其他秸秆	173400	117300	8940	
	其他农副资源				310
	玉米秸	5874920	2286800	1846901	
山　西		**1235800**	**471800**	**160100**	
	其他秸秆	355800	177800	100300	
	玉米秸	880000	294000	59800	
内蒙古		**33833119**	**20419457**	**12638670**	**860681**
	饼粕				17501
	稻秸	171746	47397	46647	
	酒糟				27000
	麦秸	1197756	633031	464704	
	其他秸秆	3273811	2125041	1329112	
	其他农副资源				816180
	玉米秸	29189806	17613988	10798207	
辽　宁		**7922455**	**2988579**	**2173706**	
	其他秸秆	3800000	1700000	1590000	
	玉米秸	4122455	1288579	583706	
吉　林		**35352048**	**9150448**	**4462101**	**500001**

6-2 各地区分类别农副资源饲用情况（续）

单位：吨

地 区	类 别	秸秆类			非秸秆类饲用量
		生产量	饲用量	加工饲用量	
	稻秸	3140886	597695	150622	
	花生秧				1
	酒糟				500000
	其他秸秆	1193530	381964	119020	
	玉米秸	31017632	8170789	4192459	
黑龙江		**44548238**	**7746700**	**3230198**	**543129**
	饼粕				249990
	稻秸	2831205	78332	39350	
	豆渣				1673
	酒糟				291378
	麦秸	94540	10013	10001	
	其他秸秆	1795384	37820	8848	
	其他农副资源				88
	玉米秸	39827109	7620535	3171999	
江 苏		**12245925**	**746634**	**408275**	**123453**
	饼粕				12668
	稻秸	5778560	201917	93443	
	豆渣				10
	红薯秧				6343
	花生秧				53320
	酒糟				12
	麦秸	4727082	183253	120403	
	其他秸秆	839370	116145	47905	
	其他农副资源				51100
	玉米秸	900913	245319	146524	

6-2　各地区分类别农副资源饲用情况（续）

单位：吨

地　区	类　别	秸秆类			非秸秆类饲用量
		生产量	饲用量	加工饲用量	
安　徽		**19133180**	**2529700**	**1094383**	**72786**
	饼粕				500
	稻秸	3018380	376188	64221	
	豆渣				6630
	甘蔗梢				900
	红薯秧				31711
	花生秧				8029
	酒糟				610
	麦秸	7637251	539565	195694	
	其他秸秆	608893	86450	16021	
	其他农副资源				24406
	玉米秸	7868656	1527497	818447	
福　建		**665601**	**17215**	**9205**	**17590**
	稻秸	519386	5287	300	
	豆渣				2010
	红薯秧				13985
	花生秧				1425
	酒糟				10
	其他农副资源				160
	玉米秸	146215	11928	8905	
江　西		**8128796**	**520876**	**68430**	**11115**
	饼粕				1800
	稻秸	8123746	519136	67610	
	豆渣				1000
	甘蔗梢				19

6-2 各地区分类别农副资源饲用情况（续）

单位：吨

地 区	类 别	秸秆类			非秸秆类饲用量
		生产量	饲用量	加工饲用量	
	红薯秧				5370
	花生秧				260
	酒糟				2666
	其他秸秆	1300	350	110	
	玉米秸	3750	1390	710	
山 东		**23670887**	**4976609**	**2718843**	**969403**
	饼粕				91510
	稻秸	184640	14390	12300	
	豆渣				60
	红薯秧				369027
	花生秧				455926
	酒糟				52850
	麦秸	4558323	587922	528256	
	其他秸秆	73694	3229	20	
	其他农副资源				30
	玉米秸	18854230	4371068	2178267	
河 南		**44342180**	**8746890**	**4546456**	**2023528**
	饼粕				730
	稻秸	176605	72502	10001	
	豆渣				2630
	红薯秧				184195
	花生秧				1810293
	酒糟				350
	麦秸	20984069	2743333	713370	
	其他秸秆	199211	126060	24640	

6-2　各地区分类别农副资源饲用情况（续）

单位：吨

地　区	类　别	秸秆类			非秸秆类饲用量
		生产量	饲用量	加工饲用量	
	其他农副资源				25330
	玉米秸	22982295	5804995	3798445	
湖　北		**3311150**	**1165700**	**607255**	**179840**
	稻秸	1258800	318700	83700	
	豆渣				800
	红薯秧				60550
	花生秧				77290
	酒糟				1200
	麦秸	779500	364000	225055	
	其他秸秆	172550	101050	34050	
	其他农副资源				40000
	玉米秸	1100300	381950	264450	
湖　南		**12086708**	**1875723**	**231001**	**446358**
	饼粕				252600
	稻秸	9907955	1105837	91310	
	豆渣				29427
	甘蔗梢				100
	红薯秧				69837
	花生秧				12410
	酒糟				12744
	麦秸	368075	35845	8408	
	其他秸秆	1169350	566101	80099	
	其他农副资源				69240
	玉米秸	641328	167940	51184	
广　东		**1006663**	**252031**	**53157**	**65736**

6-2 各地区分类别农副资源饲用情况（续）

单位：吨

地 区	类 别	秸秆类			非秸秆类饲用量
		生产量	饲用量	加工饲用量	
	稻秸	851040	147711	5255	
	甘蔗梢				53456
	红薯秧				5420
	花生秧				5400
	酒糟				1460
	其他秸秆	12560	4291		
	玉米秸	143063	100029	47902	
广 西		**4990333**	**839977**	**129664**	**558617**
	稻秸	1501471	311473	22502	
	豆渣				100
	甘蔗梢				442734
	红薯秧				83993
	花生秧				13315
	酒糟				6550
	其他秸秆	1899303	202830	25480	
	其他农副资源				11925
	玉米秸	1589559	325674	81682	
海 南		**100250**	**25200**	**25150**	
	玉米秸	100250	25200	25150	
重 庆		**2465663**	**350663**	**79568**	**597183**
	饼粕				110727
	稻秸	1561614	113191	5963	
	豆渣				15110
	甘蔗梢				2800
	红薯秧				48706

6-2　各地区分类别农副资源饲用情况（续）

单位：吨

地　区	类　别	秸秆类			非秸秆类饲用量
		生产量	饲用量	加工饲用量	
	花生秧				1400
	酒糟				360860
	麦秸	3245	280		
	其他秸秆	37103	4215	1200	
	其他农副资源				57580
	玉米秸	863701	232977	72405	
四　川		**14235925**	**3392669**	**1174643**	**1329109**
	饼粕				18562
	稻秸	3133074	856291	213620	
	豆渣				26367
	红薯秧				356877
	花生秧				33092
	酒糟				294876
	麦秸	1208397	168206	62052	
	其他秸秆	1237313	322816	154506	
	其他农副资源				599335
	玉米秸	8657141	2045356	744465	
贵　州		**3210749**	**1481967**	**629499**	**617910**
	稻秸	990093	363447	205413	
	甘蔗梢				7310
	红薯秧				362750
	酒糟				155900
	麦秸	7250	475	290	
	其他秸秆	623650	233650	84602	
	其他农副资源				91950

6-2 各地区分类别农副资源饲用情况（续）

单位：吨

地 区	类 别	秸秆类			非秸秆类饲用量
		生产量	饲用量	加工饲用量	
	玉米秸	1589756	884395	339194	
云 南		**15839606**	**7891084**	**3249145**	**1781477**
	饼粕				93232
	稻秸	3456082	1470329	424605	
	豆渣				252342
	甘蔗梢				720729
	红薯秧				197672
	花生秧				1156
	酒糟				262406
	麦秸	1705296	1137668	286538	
	其他秸秆	1381604	786997	511450	
	其他农副资源				253940
	玉米秸	9296624	4496090	2026552	
西 藏		**184239**	**183618**	**28436**	**7951**
	饼粕				2800
	酒糟				31
	麦秸	149017	149017	21215	
	其他秸秆	15212	14611	1	
	其他农副资源				5120
	玉米秸	20010	19990	7220	
陕 西		**6287899**	**2358543**	**1414874**	**74331**
	饼粕				497
	稻秸	437760	80820	10	
	豆渣				3617
	甘蔗梢				10

6-2　各地区分类别农副资源饲用情况（续）

单位：吨

地　区	类　别	秸秆类			非秸秆类饲用量
		生产量	饲用量	加工饲用量	
	红薯秧				53875
	花生秧				4402
	酒糟				7850
	麦秸	1139994	294152	136764	
	其他秸秆	295252	165280	115913	
	其他农副资源				4080
	玉米秸	4414893	1818291	1162187	
甘　肃		**13476789**	**8472539**	**4764331**	**62867**
	饼粕				3160
	豆渣				2189
	麦秸	2020962	981278	526056	
	其他秸秆	1661136	1107690	436322	
	其他农副资源				57518
	玉米秸	9794691	6383571	3801953	
青　海		**2137029**	**974369**	**389014**	
	麦秸	340063	113853	34500	
	其他秸秆	803241	326298	52400	
	玉米秸	993725	534218	302114	
宁　夏		**2062444**	**1222226**	**845930**	**8015**
	饼粕				5000
	稻秸	163324	83180	70940	
	麦秸	158660	89700	71700	
	其他秸秆	143200	106216		
	其他农副资源				3015
	玉米秸	1597260	943130	703290	

6–2 各地区分类别农副资源饲用情况（续）

单位：吨

地区	类别	秸秆类			非秸秆类饲用量
		生产量	饲用量	加工饲用量	
新疆		**10638296**	**8765599**	**2943982**	**20300**
	饼粕				10000
	稻秸	81717	64580	3050	
	豆渣				200
	红薯秧				10100
	麦秸	1558554	1382996	74394	
	其他秸秆	1332378	754609	66490	
	玉米秸	7665647	6563414	2800048	
新疆兵团		**1920507**	**441916**	**85447**	**347005**
	饼粕				252045
	稻秸	48726	23388		
	豆渣				338
	酒糟				1800
	麦秸	183248	136402	12741	
	其他秸秆	815130	64522	38975	
	其他农副资源				92822
	玉米秸	873403	217604	33731	
黑龙江农垦		**3090414**	**212861**	**35553**	**29340**
	饼粕				29180
	稻秸	1391413	9772	3400	
	豆渣				100
	酒糟				60
	麦秸	86			
	其他秸秆	74882	7800	6400	
	玉米秸	1624033	195289	25753	

6-3　各地区牧区半牧区分类别农副资源饲用情况

单位：吨

地　区	类　别	秸秆类			非秸秆类饲用量
		生产量	饲用量	加工饲用量	
合　计		**64400334**	**28007193**	**17039910**	**1599588**
河　北		**429000**	**297860**	**65390**	**310**
	玉米秸	299200	181560	56450	
	其他秸秆	129800	116300	8940	
	其他农副资源				310
山　西		**5800**	**5800**		
	其他秸秆	5800	5800		
内蒙古		**25158705**	**14823113**	**9560679**	**589080**
	饼粕				13000
	稻秸	171746	47397	46647	
	酒糟				27000
	麦秸	307339	199681	58560	
	玉米秸	22888069	13602800	8675362	
	其他秸秆	1791551	973235	780110	
	其他农副资源				549080
辽　宁		**4998510**	**2212910**	**1760400**	
	玉米秸	1198510	512910	170400	
	其他秸秆	3800000	1700000	1590000	
吉　林		**11000000**	**3545000**	**2038300**	**1**
	稻秸	820000	180000		
	花生秧				1
	玉米秸	9980000	3165000	2038300	

6-3 各地区牧区半牧区分类别农副资源饲用情况（续）

单位：吨

地 区	类 别	秸秆类			非秸秆类饲用量
		生产量	饲用量	加工饲用量	
	其他秸秆	200000	200000		
黑龙江		**15301774**	**3234577**	**1818964**	**406373**
	饼粕				215492
	稻秸	1015567	23900	6268	
	豆渣				472
	酒糟				190397
	麦秸	40	12		
	玉米秸	14186767	3205042	1811473	
	其他秸秆	99400	5623	1223	
	其他农副资源				12
四 川		**2927474**	**744274**	**136015**	**591924**
	稻秸	204472	107725	23735	
	豆渣				127
	红薯秧				12000
	酒糟				297
	麦秸	491171	81098	13450	
	玉米秸	2041125	433571	87260	
	其他秸秆	190706	121880	11570	
	其他农副资源				579500
云 南		**153686**	**80273**	**8033**	**1900**
	稻秸	7773	4770	59	
	豆渣				700

6-3　各地区牧区半牧区分类别农副资源饲用情况（续）

单位：吨

地　区	类　别	秸秆类			非秸秆类饲用量
		生产量	饲用量	加工饲用量	
	酒糟				1200
	麦秸	44490	25390	684	
	玉米秸	76573	36973	7290	
	其他秸秆	24850	13140		
西　藏		**6321**	**6320**		
	其他秸秆	6321	6320		
甘　肃		**2221596**	**1442273**	**653156**	
	麦秸	518100	295487	44700	
	玉米秸	1288260	813090	348636	
	其他秸秆	415236	333696	259820	
青　海		**208255**	**75253**		
	麦秸	85171	1494		
	其他秸秆	123084	73759		
宁　夏		**317200**	**245416**	**111360**	
	玉米秸	174000	139200	111360	
	其他秸秆	143200	106216		
新　疆		**1672013**	**1294124**	**887613**	**10000**
	饼粕				10000
	稻秸	4774	4774		
	麦秸	83462	77735	686	
	玉米秸	1583777	1211615	886927	

6-4　各地区牧区分类别农副资源饲用情况

单位：吨

地　区	类　别	秸秆类			非秸秆类饲用量
		生产量	饲用量	加工饲用量	
合　计		**6392740**	**3760718**	**1839411**	**5000**
	稻秸	165292	15475	250	
	麦秸	399889	147419	49810	
	玉米秸	5227466	3300055	1723046	
	其他秸秆	600093	297769	66305	
	其他农副资源				5000
内蒙古		**4267310**	**3108207**	**1513943**	**5000**
	稻秸	1250	1000	250	
	麦秸	142971	102045	44624	
	玉米秸	3682980	2802752	1402764	
	其他秸秆	440109	202410	66305	
	其他农副资源				5000
黑龙江		**1206900**	**110000**		
	稻秸	157000	8000		
	玉米秸	1038000	100000		
	其他秸秆	11900	2000		
四　川		**23876**	**17998**		
	稻秸	6912	6345		

6-4　各地区牧区分类别农副资源饲用情况（续）

单位：吨

地　区	类　别	秸秆类			非秸秆类饲用量
		生产量	饲用量	加工饲用量	
	麦秸	11912	9372		
	玉米秸	5052	2281		
甘　肃		**173600**	**42400**	**18500**	
	麦秸	141000	21000	4500	
	玉米秸	31600	21000	14000	
	其他秸秆	1000	400		
青　海		**208255**	**75253**		
	麦秸	85171	1494		
	其他秸秆	123084	73759		
宁　夏		**198000**	**158400**	**111360**	
	玉米秸	174000	139200	111360	
	其他秸秆	24000	19200		
新　疆		**314799**	**248460**	**195608**	
	稻秸	130	130		
	麦秸	18835	13508	686	
	玉米秸	295834	234822	194922	

6-5 各地区半牧区分类别农副资源饲用情况

单位：吨

地 区	类 别	秸秆类			非秸秆类饲用量
		生产量	饲用量	加工饲用量	
合 计		**58007594**	**24246475**	**15200499**	**1594588**
	饼粕				238492
	稻秸	2059040	353091	76459	
	豆渣				1299
	红薯秧				12000
	花生秧				1
	酒糟				218894
	麦秸	1129884	533478	68270	
	玉米秸	48488815	20001706	12470412	
	其他秸秆	6329855	3358200	2585358	
	其他农副资源				1123902
河 北		**429000**	**297860**	**65390**	**310**
	玉米秸	299200	181560	56450	
	其他秸秆	129800	116300	8940	
	其他农副资源				310
山 西		**5800**	**5800**		
	其他秸秆	5800	5800		
内蒙古		**20891395**	**11714906**	**8046736**	**584080**
	饼粕				13000
	稻秸	170496	46397	46397	
	酒糟				27000
	麦秸	164368	97636	13936	
	玉米秸	19205089	10800048	7272598	
	其他秸秆	1351442	770825	713805	
	其他农副资源				544080

6-5　各地区半牧区分类别农副资源饲用情况（续）

单位：吨

地　区	类　别	秸秆类			非秸秆类饲用量
		生产量	饲用量	加工饲用量	
辽　宁		**4998510**	**2212910**	**1760400**	
	玉米秸	1198510	512910	170400	
	其他秸秆	3800000	1700000	1590000	
吉　林		**11000000**	**3545000**	**2038300**	**1**
	稻秸	820000	180000		
	花生秧				1
	玉米秸	9980000	3165000	2038300	
	其他秸秆	200000	200000		
黑龙江		**14094874**	**3124577**	**1818964**	**406373**
	饼粕				215492
	稻秸	858567	15900	6268	
	豆渣				472
	酒糟				190397
	麦秸	40	12		
	玉米秸	13148767	3105042	1811473	
	其他秸秆	87500	3623	1223	
	其他农副资源				12
四　川		**2903598**	**726276**	**136015**	**591924**
	稻秸	197560	101380	23735	
	豆渣				127
	红薯秧				12000
	酒糟				297
	麦秸	479259	71726	13450	
	玉米秸	2036073	431290	87260	
	其他秸秆	190706	121880	11570	

6-5 各地区半牧区分类别农副资源饲用情况（续）

单位：吨

地 区	类 别	秸秆类			非秸秆类饲用量
		生产量	饲用量	加工饲用量	
	其他农副资源				579500
云 南		**153686**	**80273**	**8033**	**1900**
	稻秸	7773	4770	59	
	豆渣				700
	酒糟				1200
	麦秸	44490	25390	684	
	玉米秸	76573	36973	7290	
	其他秸秆	24850	13140		
西 藏		**6321**	**6320**		
	其他秸秆	6321	6320		
甘 肃		**2047996**	**1399873**	**634656**	
	麦秸	377100	274487	40200	
	玉米秸	1256660	792090	334636	
	其他秸秆	414236	333296	259820	
宁 夏		**119200**	**87016**		
	其他秸秆	119200	87016		
新 疆		**1357214**	**1045664**	**692005**	**10000**
	饼粕				10000
	稻秸	4644	4644		
	麦秸	64627	64227		
	玉米秸	1287943	976793	692005	

第七部分

草产品加工企业统计

7-1 全国及牧区半牧区分种类

区域	饲草种类	企业数量	干草	
			合计	草捆
全国			**4469583**	**2639617**
	多年生合计	**472**	**2486143**	**1584886**
	多年生黑麦草	5	752	505
	狗尾草	1	25000	25000
	红豆草	3	4575	4575
	狼尾草	45	45842	7502
	老芒麦	2	3250	3250
	猫尾草	1	11490	11490
	木本蛋白饲料	6	10000	
	柠条	4	4816	
	披碱草	4	4253	3753
	鸭茅	2	85	
	羊草	15	165162	94762
	紫花苜蓿	364	2083918	1376149
	其他多年生饲草	20	127000	57900
	一年生合计	**762**	**1983440**	**1054732**
	稗	1	588	588
	大麦	4	9235	8235
	黑麦	9	3840	2340
	多花黑麦草	5	14472	13270
	箭筈豌豆	1	2000	2000
	墨西哥类玉米	1	68	30
	青莜麦	3	7420	7420
	青贮青饲高粱	21	197031	173131
	青贮玉米	552	729041	267085
	苏丹草	2	13585	

草产品加工企业生产情况

单位：个、吨

生产量				青贮产品生产量
草块	草颗粒	草粉	其他	
341134	**625077**	**222952**	**640803**	**4844529**
153344	**369114**	**190086**	**188713**	**851501**
2			245	85
18210	20110	10	10	187380
		7000	3000	47030
	4496	320		
200	300			
			85	78
10400	60000			
114532	274258	171756	147223	544878
10000	9950	11000	38150	72050
187790	**255963**	**32866**	**452090**	**3993028**
		1000		10955
			1500	35000
1200			2	13655
17	16	4	1	
8000	15000		900	2221
12071	13967	22540	413378	3791676
			13585	

7-1 全国及牧区半牧区分种类

区 域	饲草种类	企业数量	干草	
			合计	草捆
	小黑麦	4	3410	2640
	燕麦	135	569428	516877
	籽粒苋	1	920	
	其他一年生饲草	23	432402	61115
牧区半牧区			**1917434**	**1274958**
	多年生合计	**179**	**1138920**	**827396**
	多年生黑麦草	1	200	
	老芒麦	1	750	750
	猫尾草	1	11490	11490
	柠条	1	1496	
	披碱草	4	4253	3753
	羊草	11	163200	92800
	紫花苜蓿	153	891481	684003
	其他多年生饲草	7	66050	34600
	一年生合计	**105**	**778514**	**447562**
	大麦	2	7235	7235
	箭筈豌豆	1	2000	2000
	青贮青饲高粱	1	5000	5000
	青贮玉米	12	35463	4400
	苏丹草	2	13585	
	小黑麦	4	3410	2640
	燕麦	79	459533	426284
	其他一年生饲草	4	252288	3
牧 区			**904528**	**561872**
	多年生合计	**55**	**474752**	**402902**
	老芒麦	1	750	750

草产品加工企业生产情况（续）

单位：个、吨

生产量				青贮产品生产量
草块	草颗粒	草粉	其他	
	770			
12760	17693	800	21298	119216
			920	
153742	208517	8522	506	20305
116698	**354378**	**65622**	**105778**	**217850**
61500	**133398**	**64800**	**51826**	**14140**
			200	
	1496			
200	300			
10400	60000			
40900	70152	54800	41626	14040
10000	1450	10000	10000	100
55198	**220980**	**822**	**53952**	**203710**
				7235
			31063	164140
			13585	
	770			
5458	17693	800	9298	32310
49740	202517	22	6	25
73103	**230213**	**3000**	**36340**	**26600**
41100	**17750**	**3000**	**10000**	**100**

7–1 全国及牧区半牧区分种类

区 域	饲草种类	企业数量	干草	
			合计	草捆
	披碱草	3	3210	2710
	紫花苜蓿	48	459042	399142
	其他多年生饲草	3	11750	300
	一年生合计	**40**	**429776**	**158970**
	青贮玉米	1	26240	
	小黑麦	2	860	90
	燕麦	35	168176	158880
	其他一年生饲草	2	234500	
半牧区			**1012906**	**713086**
	多年生合计	**124**	**664168**	**424494**
	多年生黑麦草	1	200	
	猫尾草	1	11490	11490
	柠条	1	1496	
	披碱草	1	1043	1043
	羊草	11	163200	92800
	紫花苜蓿	105	432439	284861
	其他多年生饲草	4	54300	34300
	一年生合计	**65**	**348738**	**288592**
	大麦	2	7235	7235
	箭筈豌豆	1	2000	2000
	青贮青饲高粱	1	5000	5000
	青贮玉米	11	9223	4400
	苏丹草	2	13585	
	小黑麦	2	2550	2550
	燕麦	44	291357	267404
	其他一年生饲草	2	17788	3

草产品加工企业生产情况（续）

单位：个、吨

生产量				青贮产品生产量
草块	草颗粒	草粉	其他	
200	300			
40900	16000	3000		
	1450		10000	100
32003	**212463**		**26340**	**26500**
			26240	26240
	770			
3	9193		100	260
32000	202500			
43595	**124165**	**62622**	**69438**	**191250**
20400	**115648**	**61800**	**41826**	**14040**
			200	
	1496			
10400	60000			
0	54152	51800	41626	14040
10000		10000		
23195	**8517**	**822**	**27612**	**177210**
				7235
			4823	137900
			13585	
5455	8500	800	9198	32050
17740	17	22	6	25

7-2　各地区草产品

地　区	牧区半牧区类别	企业名称	饲草种类
合　计（1146 家）			
河北（50 家）			
		安国鸿通养殖有限公司	青贮玉米
		安国市胜峰肉牛养殖场	青贮玉米
		安国市盛牧肉牛农民专业合作社	青贮玉米
		沧州市南大港管理区众鑫园种植专业合作社	紫花苜蓿
		赤城县本德养殖场	青贮玉米
		赤城县宏正养殖场	青贮玉米
		赤城县华田牧业有限公司	青贮玉米
		赤城县老胡肉牛养殖专业合作社	青贮玉米
		赤城县六道沟向东养殖专业合作社	青贮玉米
		赤城县秀珍养殖专业合作社	青贮玉米
		达华致远农业开发有限公司	青贮玉米
		大城县犇犇肉牛养殖场	青贮玉米
		大城县恒利奶牛养殖有限公司	青贮玉米
		大城县林艺家庭农场	紫花苜蓿
		大城县牧羊人农业科技有限公司	青贮玉米
	半牧区	丰宁满族自治县企业农牧业有限公司	其他一年生饲草
		固安县新庄蔬菜种植专业合作社	青贮玉米
		河北艾禾农业科技有限公司	紫花苜蓿
			青贮玉米
		河北品源开发有限公司	青贮玉米
	半牧区	河北省丰宁满族自治县伯强草业公司	其他一年生饲草
	半牧区	河北围场红松洼牧工商有限责任公司	其他多年生饲草
		河北中农恒利牧业技术服务有限公司	紫花苜蓿
		怀安县秉利种植专业合作社	青贮玉米
		怀来县民丰种植专业合作社	其他一年生饲草
		黄骅市辉华苜蓿种植专业合作社	紫花苜蓿

加工企业生产情况

单位：吨

干草生产量						青贮产品生产量
合计	草捆	草块	草颗粒	草粉	其他	
4469583	**2639617**	**341134**	**625077**	**222952**	**640803**	**4844529**
266362	**45035**	**81582**	**1017**	**1022**	**137706**	**307549**
						1555
						1467
						2010
1032	1032					
						500
						500
						2241
						200
						1000
						500
						5304
						200
						4500
1000		1000				
						6000
9894	3	9850	15	21	5	14
						450
12000	12000					
137200					137200	
						20000
7894	0	7890	2	1	1	11
600	600					
						14250
						90000
3820	3500	320				
5000	5000					

7-2 各地区草产品

地　区	牧区半牧区类别	企业名称	饲草种类
	半牧区	黄骅市绿丰草业有限公司	紫花苜蓿
		黄骅市茂盛园苜草种植专业合作社	紫花苜蓿
		黄骅市腾源种植专业合作社	紫花苜蓿
		宽城立东养殖有限公司	其他一年生饲草
		铭泽农业开发有限公司	青贮玉米
		围场满族蒙古族自治县欣盎然牧草经销公司	其他多年生饲草
		文安县宝成种养专业合作社	青贮玉米
		文安县金实种养专业合作社	紫花苜蓿
		文安县刘振玉米种植专业合作社	青贮玉米
		文安县启农农业种植合作社	青贮玉米
		文安县学民种养专业合作社	青贮玉米
		文安县志诚种养合作社	紫花苜蓿
		文安县志诚种养专业合作社	青贮玉米
		献县日晟种植专业合作社	紫花苜蓿
		献县瑞琪秸秆青贮加工厂	青贮玉米
		香河晟隆奶牛养殖有限公司	青贮玉米
		兴隆县名利饲草综合利用开发有限公司	其他一年生饲草
		永清县丰沐生态农业开发有限公司	青贮玉米
		永清县远村现代农业有限公司	紫花苜蓿
		张家口三利草业有限公司	青贮玉米
		张家口万全区粥雨草业有限公司	青贮玉米
		涿鹿春根种植专业合作社	青贮玉米
		涿鹿瑞旭丰农牧专业合作社	青贮玉米
		涿鹿顺德丰种植专业合作社	青贮玉米
		涿鹿通庄生源农业开发有限公司	青贮玉米
山西（**31** 家）			
		定襄县德隆生物质能源科技有限公司	青贮玉米
		怀仁市奔康牧草开发有限公司	紫花苜蓿

加工企业生产情况（续）

单位：吨

干草生产量						青贮产品生产量
合计	草捆	草块	草颗粒	草粉	其他	
3800	3800					
5500	4000		500	1000		5000
4500	4500					
52522		52522				
						3000
1200	1200					
						7500
						1800
						8500
						5000
						7500
						9000
						2500
2400	2400					
						8000
						36000
3000	2000		500		500	
						20000
						24000
5000		5000				5000
10000	5000	5000				10000
						1362
						1206
						819
						660
434020	**178057**	**46400**	**48443**	**63120**	**98000**	**95805**
						2975
400	400					5671

7-2 各地区草产品

地　区	牧区半牧区类别	企业名称	饲草种类
		怀仁市家兴园农牧专业合作社	紫花苜蓿
		怀仁县仁福农牧专业合作社	青贮玉米
		岚县丰业种植专业合作社	青贮玉米
		岚县祥泰草蓄开发有限公司	青贮玉米
		山西和泰有限公司	紫花苜蓿
		山西农医生农业科技有限公司	青贮玉米
		朔州市金土地农牧有限公司	紫花苜蓿
		朔州市骏宝宸农业科技股份有限公司	紫花苜蓿
			燕麦
			青贮玉米
		朔州市隆祥农牧有限公司	紫花苜蓿
		朔州市隆祥农业有限公司	燕麦
		朔州市平鲁区牧源草业有限公司	燕麦
			紫花苜蓿
		朔州市朔城区金土地农牧有限公司	燕麦
		朔州市朔城区金熠源养殖专业合作社	燕麦
		朔州市朔城区仁伟种植专业合作社	紫花苜蓿
			燕麦
		朔州市朔城区乳飘香养殖专业合作社	紫花苜蓿
		朔州市朔城区助农农机专业合作社	紫花苜蓿
		五寨县博绿农牧合作社	其他一年生饲草
		忻府区佰盛草业	青贮玉米
		忻府区东伟农机草业	青贮玉米
		忻府区金辉农林公司	青贮玉米
		忻府区亮胜草业	青贮玉米
		忻府区牧盛草业	青贮玉米
		忻府区生根草业	青贮玉米
		忻府区双根草业	青贮玉米
		忻府区志强草业	青贮玉米

加工企业生产情况（续）

单位：吨

干草生产量						青贮产品生产量
合计	草捆	草块	草颗粒	草粉	其他	
100	100					3059
4000	4000					
297	297					900
1000	1000					4400
331000	98000	45000	45000	45000	98000	5000
2827	560	200	1947	120		
5200	5200					
5000	5000					20000
1000	1000					
						30000
2000	2000					
2000	2000					
40000	40000					
18000				18000		
960	960					
4800	4800					
3200	3200					
640	640					
3600	3600					
2800	2800					
1200		1200				6000
						3600
						1200
						1300
						1400
						1200
						1200
						1300
						1100

7-2 各地区草产品

地　区	牧区半牧区类别	企业名称	饲草种类
内蒙古（99 家）		忻府燕子青青草牧业	青贮玉米
		阳高县牧友恒泰草业有限公司	青贮玉米
		阳高县首创草业有限公司	青贮玉米
	半牧区	右玉县绿之源草业发展有限公司	柠条
	牧　区	阿拉善盟圣牧高科生态草业有限公司	青贮玉米
			紫花苜蓿
	牧　区	巴林右旗北大荒绿草牧业有限公司	紫花苜蓿
			燕麦
	牧　区	巴雅尔草业	燕麦
			紫花苜蓿
	半牧区	巴彦淖尔市圣牧高科生态草业有限公司	紫花苜蓿
		包头市北辰生物技术有限公司	青贮青饲高粱
		包头市鸿益农牧有限公司	青贮青饲高粱
		包头市华阳润生农业生物科技有限公司	青贮青饲高粱
	牧　区	草都公司	紫花苜蓿
	牧　区	常鑫宏	紫花苜蓿
			燕麦
	牧　区	赤峰澳亚	紫花苜蓿
	半牧区	赤峰牧源草业饲料有限责任公司	紫花苜蓿
	半牧区	赤峰市巴林左旗超越饲料	青贮玉米
			紫花苜蓿
	半牧区	赤峰市巴林左旗牧兴源饲料	青贮玉米
	半牧区	赤峰市圣泉生态牧业公司	紫花苜蓿
	牧　区	达布希绿业有限公司	燕麦
			紫花苜蓿
	牧　区	达晨	燕麦
			紫花苜蓿
	半牧区	达拉特旗宝丰生态有限公司	紫花苜蓿

加工企业生产情况（续）

单位：吨

干草生产量						青贮产品生产量
合计	草捆	草块	草颗粒	草粉	其他	
						3500
1000	1000					2000
1500	1500					
1496			1496			
1022649	**616089**	**41000**	**277820**	**53500**	**34240**	**29240**
26240					26240	26240
24000	24000					
25600	25600					
19200	19200					
8000	8000					
8000	8000					
2400	2400					
15000		5000	10000			
5000	5000					
12000	12000					
3000	3000					
1900	1900					
850	850					
1828	1828					
6000	2000		4000			3000
2000	2000					
20			20			
2400	2400					
1800	1800					
5710	5710					
7540	7540					
6586	6586					
9547	9547					
1000	1000					

7–2 各地区草产品

地 区	牧区半牧区类别	企业名称	饲草种类
	半牧区	达拉特旗阜星种养殖专业合作社	紫花苜蓿
	半牧区	达拉特旗裕祥农牧业有限公司	紫花苜蓿
	牧 区	地森农业有限责任公司	燕麦
			紫花苜蓿
	半牧区	磴口县继旺种养殖农民专业合作社	紫花苜蓿
	半牧区	磴口县晶烨农牧业农民专业合作社	紫花苜蓿
	半牧区	磴口县科金种植农民专业合作社	紫花苜蓿
	半牧区	磴口县绿丰源生态家庭农牧场	紫花苜蓿
	半牧区	磴口县三封种养殖农民专业合作社	紫花苜蓿
	半牧区	磴口县霞悦种养殖农民专业合作社	紫花苜蓿
	半牧区	磴口县昕馨通种养殖农民专业合作社	紫花苜蓿
	半牧区	磴口县雄丰农机服务农民专业合作社	紫花苜蓿
	牧 区	东诺尔合作社	燕麦
			紫花苜蓿
	牧 区	东星公司	燕麦
			紫花苜蓿
	牧 区	鄂尔多斯市盛世金农农业开发有限责任公司	紫花苜蓿
	半牧区	鄂尔多斯市世代德鑫农牧业开发有限公司	紫花苜蓿
	半牧区	鄂尔多斯市万通农牧科技有限公司	紫花苜蓿
	牧 区	鄂托克旗赛乌素绿洲草业有限公司	紫花苜蓿
		丰硕草业有限责任公司	青贮青饲高粱
		丰镇市西农草业	紫花苜蓿
		富源草颗粒饲料公司	其他一年生饲草
		固阳县大地农丰农民专业合作社	青莜麦
		固阳县广义德农民专业合作社	青莜麦
		固阳县和谐人家农民专业合作社	青莜麦
		杭锦后旗永旺种养殖专业合作社	紫花苜蓿
	牧 区	华和农牧业有限公司	紫花苜蓿

加工企业生产情况（续）

单位：吨

干草生产量						青贮产品生产量
合计	草捆	草块	草颗粒	草粉	其他	
350	350					
5000	5000					
1000	1000					
3300	3300					
3040	3040					
1200	1200					
400	400					
400	400					
1200	1200					
320	320					
800	800					
1200	1200					
6500	6500					
7200	7200					
3036	3036					
8493	8493					
17400	17400					
800	800					
350	350					
2000	1000		1000			
3000	3000					
2000		1000	500	500		
5000			5000			
5400	5400					
1500	1500					
520	520					
455	455					
16060	12060		4000			

7-2 各地区草产品

地　区	牧区半牧区类别	企业名称	饲草种类
	牧　区	华茂生	燕麦
			紫花苜蓿
	牧　区	惠农	燕麦
			紫花苜蓿
		嘉创养殖农民专业合作社	青贮青饲高粱
	半牧区	库伦旗龙腾牧草种植农民专业合作社	紫花苜蓿
	牧　区	利鑫公司	燕麦
			紫花苜蓿
		利泽丰农民专业合作社	青贮青饲高粱
	牧　区	联牛牧草种植有限公司	燕麦
		凉城县碧兴元草业有限公司	紫花苜蓿
		凉城县岱海草业公司	紫花苜蓿
		凉城县海高牧场有限公司	紫花苜蓿
	半牧区	林辉草业	燕麦
			紫花苜蓿
	牧　区	绿生源生态科技有限责任公司	燕麦
			紫花苜蓿
	牧　区	绿田园	燕麦
			紫花苜蓿
	牧　区	内蒙古安宏农牧业开发有限公司	紫花苜蓿
	半牧区	内蒙古彬海草业有限公司	紫花苜蓿
	牧　区	内蒙古草都草牧业股份有限公司	燕麦
		内蒙古超大畜牧责任有限公司	紫花苜蓿
		内蒙古德兰生态建设监理有限责任公司	紫花苜蓿
	半牧区	内蒙古东达生态建设有限公司	紫花苜蓿
	半牧区	内蒙古东达生物科技有限公司	紫花苜蓿
		内蒙古谷雨天润草业发展有限公司	紫花苜蓿
	半牧区	内蒙古广缘十方现代生态农业有限公司	紫花苜蓿
	半牧区	内蒙古黄羊洼草业有限责任公司	紫花苜蓿

加工企业生产情况（续）

单位：吨

干草生产量						青贮产品生产量
合计	草捆	草块	草颗粒	草粉	其他	
18000	18000					
24000	24000					
6586	6586					
14778	14778					
5000			5000			
550	550					
6235	6235					
1800	1800					
5000	5000					
3296	3296					
1500	1500					
3000	3000					
3500	3500					
3200	3200					
3200	3200					
3966	3966					
5355	5355					
900	900					
3400	3400					
3600	3600					
350	350					
7500	7500					
400	400					
50	50					
1800	1800					
8000					8000	
2500	2500					
260	260					
6000	3000		3000			

7-2 各地区草产品

地　区	牧区半牧区类别	企业名称	饲草种类
	牧　区	内蒙古绿丰农牧业有限责任公司	紫花苜蓿
	牧　区	内蒙古蘑菇滩农牧业科技有限公司	紫花苜蓿
	半牧区	内蒙古顺沐隆草业有限责任公司	紫花苜蓿
	半牧区	内蒙古正时草业有限公司	紫花苜蓿
		内蒙古中澜农牧业有限公司	紫花苜蓿
	牧　区	普瑞牧	燕麦
			紫花苜蓿
	牧　区	秋实草业	燕麦
			紫花苜蓿
	半牧区	四子王旗北国兴农	紫花苜蓿
	牧　区	腾飞生态草业	燕麦
			紫花苜蓿
	牧　区	天歌草业	燕麦
			紫花苜蓿
		天义饲料加工厂	其他一年生饲草
	牧　区	田园牧歌	燕麦
			紫花苜蓿
	牧　区	通史嘎查饲草颗粒加工厂	其他多年生饲草
		土右旗丰硕农民专业合作社	青贮青饲高粱
		土右旗海子乡天宝农民专业合作社	青贮青饲高粱
		土右旗合丰农民合作社	青贮青饲高粱
		土右旗健飞农牧科技专业合作社	青贮青饲高粱
		土右旗雷鑫农机服务站	青贮青饲高粱
		土右旗绿园生态种养殖专业合作社	青贮青饲高粱
		土右旗秋林农民合作社	青贮青饲高粱
		土右旗同祥农民合作社	青贮青饲高粱
		土右旗万佳农牧业机械专业合作社	青贮青饲高粱
		土右旗旺达农民专业合作社	青贮青饲高粱
	牧　区	乌审旗索永布生态开发有限公司	其他多年生饲草

加工企业生产情况（续）

单位：吨

干草生产量						青贮产品生产量
合计	草捆	草块	草颗粒	草粉	其他	
6000	6000					
12000	8000		1000	3000		
800	800					
10500	10500					
1800	1800					
17212	17212					
5684	5684					
1126	1126					
18740	18740					
90000			40000	50000		
1650	1650					
1816	1816					
1900	1900					
3000	3000					
500			500			
5821	5821					
60755	60755					
300			300			
3000	3000					
4000	4000					
4000	1000	3000				
5000	5000					
4000	4000					
5000	5000					
3000	3000					
8000	8000					
7100	7100					
3000	3000					
1000			1000			

7-2 各地区草产品

地　区	牧区半牧区类别	企业名称	饲草种类
吉林（26家）	牧　区	乌中旗德岭山镇联华农友农牧专业合作社	其他一年生饲草
	牧　区	乌中旗德岭山镇兴牧专业合作社	其他一年生饲草
	牧　区	阳波畜牧业发展服务有限公司	紫花苜蓿
	牧　区	伊禾绿锦草业公司	燕麦
			紫花苜蓿
	牧　区	伊禾绿锦南区	燕麦
			紫花苜蓿
	半牧区	扎鲁特旗蓝石草业技术服务有限公司	紫花苜蓿
	半牧区	张文柱奶牛养殖场	燕麦
	牧　区	长青农牧科技公司	紫花苜蓿
	牧　区	长鑫宏	紫花苜蓿
	半牧区	正昌草业	紫花苜蓿
	半牧区	大山乡爱城	青贮青饲高粱
	半牧区	东泰牧业发展有限公司	大麦
	半牧区	红海草业	羊草
		吉林鼎洋生物科技有限公司	其他一年生饲草
	半牧区	吉林华雨草业有限公司	羊草
		吉林省剑鹏马城牧业有限公司	羊草
		吉林省义和养殖专业合作社	羊草
	半牧区	京润草业	紫花苜蓿
		农安县巴吉垒顺合畜牧养殖场	羊草
		农安县立柱专业合作社	稗
		农安县天利牧草种植专业合作社	羊草
		农安县兴恩饲草种植专业合作社	紫花苜蓿
		青山秀荣农场	紫花苜蓿
		三盛玉镇鑫森家庭农场	紫花苜蓿
	半牧区	顺通草也有限公司	大麦
	半牧区	洮南市绿莹草业有限公司	紫花苜蓿

加工企业生产情况（续）

单位：吨

干草生产量						青贮产品生产量
合计	草捆	草块	草颗粒	草粉	其他	
32000		32000				
202500			202500			
2000	2000					
6320	6320					
26209	26209					
720	720					
10970	10970					
8000	8000					
2750	2750					
2655	2655					
3200	3200					
1350	1350					
89920	**89519**	**400**	**1**			**15135**
5000	5000					
6380	6380					6380
10000	10000					
112	112					
8000	8000					
465	465					
945	945					
2400	2400					
12	12					
588	588					
540	540					
380	380					
21	21					
135	135					
855	855					855
20001	20000		1			

7-2 各地区草产品

地 区	牧区半牧区类别	企业名称	饲草种类
黑龙江（22家）		陶树文	紫花苜蓿
	半牧区	通榆县万达草业有限责任公司	紫花苜蓿
	半牧区	王树芳	羊草
	半牧区	吴洪山	羊草
	半牧区	长岭科尔沁养殖有限公司	紫花苜蓿
	半牧区	长岭县双研牧业有限公司	青贮玉米
	半牧区	长岭县太平川镇晨龙牧业有限公司	青贮玉米
	半牧区	长岭县太平川镇融丰饲料加工厂	青贮玉米
	半牧区	长岭县种马场兴牧养殖农民专业合作社	青贮玉米
	半牧区	镇赉县鑫宇养殖专业合作社	羊草
		北大荒牧草种植合作社	紫花苜蓿
		晟睿牧业	紫花苜蓿
		大庆市博远草业有限公司	紫花苜蓿
		大庆市南微牧草种子繁育场	紫花苜蓿
	牧 区	杜尔伯特蒙古族自治县远方苜蓿发展有限公司	紫花苜蓿
	半牧区	甘南县德林种植专业合作社	紫花苜蓿
	半牧区	甘南县盛森青贮玉米种植专业合作社	青贮玉米
	半牧区	甘南县兴牧青贮玉米种植专业合作社	青贮玉米
		合义养牛农民专业合作社	青贮玉米
	半牧区	黑龙江省绿都饲草公司	羊草
	半牧区	黑龙江省肇东市绿韵饲草公司	羊草
	半牧区	黑龙江卫星隆泰牧业有限公司	羊草
		黑台新福牛场	青贮玉米
		鸡西市麻山区京北晨牛牧业养殖场	青贮玉米
		丽萍合作社	紫花苜蓿
	半牧区	林甸县巨润饲料有限责任公司	羊草
	半牧区	马岗牧草种植专业合作社	燕麦

加工企业生产情况（续）

单位：吨

干草生产量						青贮产品生产量
合计	草捆	草块	草颗粒	草粉	其他	
46	46					
40	40					
20000	20000					
10000	10000					
2800	2800					
						500
						4000
						3000
						400
1200	800	400				
146061	**71550**	**10000**	**60000**		**4511**	**3538**
4494	4494					
3300	3300					
200	200					
400	400					
200	200					
1456	1456					
1452					1452	
1021					1021	
1093					1093	1093
5000	5000					
8000	8000					
25000	5000	10000	10000			
						1500
203					203	203
2000	2000					
50000			50000			
8000	8000					

7-2 各地区草产品

地 区	牧区半牧区类别	企业名称	饲草种类
	半牧区	明水县洪泽饲草经销有限公司	羊草
	半牧区	青冈县吉兴饲草有限公司	其他多年生饲草
		盛欣养牛场	青贮玉米
	半牧区	宋站农畜产品经销公司	羊草
		中兴草业有限公司	燕麦
安徽（14家）		安徽省五河县秋实草业有限公司	紫花苜蓿
		蚌埠市和平乳业良种奶牛繁育中心	黑麦
		黄山市徽州区裕农羊业有限公司	多年生黑麦草
		利辛县绿墅牧业	多花黑麦草
		临泉古沟农作物专业合作社	青贮玉米
		临泉县宏飞草业有限公司	青贮玉米
		临泉县华峰草业有限公司	青贮玉米
		临泉县甲益草业有限公司	青贮玉米
		临泉县稼禾草业有限公司	青贮玉米
		临泉县双军农作物专业合作社	青贮玉米
		庐江县黄泥河畜禽养殖有限公司	青贮玉米
		庐江祥瑞养殖有限公司	青贮玉米
		涡阳县高炉镇润阳种养循环专业合作社	青贮玉米
		颍东区盛强养殖专业合作社	青贮玉米
福建（1家）		罗运良牧草加工厂	青贮玉米
江西（27家）		安福县天锦肉牛食品有限公司	狼尾草
		福清种养专业合作社	狼尾草
			青贮玉米
		赣州锐源生物科技公司	狼尾草
		高安市和俊博现代农业有限公司	狼尾草
		高安市洪兴牧业有限公司	狼尾草

加工企业生产情况（续）

单位：吨

干草生产量						青贮产品生产量
合计	草捆	草块	草颗粒	草粉	其他	
18000	18000					
2500	2500					
743					743	743
8000	8000					
5000	5000					
34077	**30975**	**1602**			**1500**	**177013**
25600	25600					100000
1500					1500	35000
7	5	2				20
2800	2800					7500
100	100					600
500	200	300				1250
570	120	450				1450
1050	400	650				3200
300	300					4000
650	450	200				4500
						2300
						13000
						1193
1000	1000					3000
						5000
						5000
26120	**23200**			**2000**	**920**	**41300**
						5000
						1300
						1000
						3000
						1000
						900

7-2　各地区草产品

地　区	牧区半牧区类别	企业名称	饲草种类
		高安市兴安养殖场	狼尾草
		高安市宜华牧业有限公司	狼尾草
		高安市裕丰农牧有限公司	狼尾草
		广昌县聚鑫肉牛养殖专业合作社	狼尾草
		广昌县兰氏肉牛养殖专业合作社	狼尾草
		广昌县双湖志远黄牛养殖专业合作社	狼尾草
		广昌县同福肉牛养殖专业合作社	狼尾草
		江西丰业原生态牧业公司	狼尾草
		江西巨苋生态农业科技有限公司	籽粒苋
		江西领军牧业有限公司	狼尾草
		江西牧蕾农林开发有限公司	狼尾草
		江西省鄱阳湖草业公司	其他一年生饲草
		江西亿合农业开发有限公司	狼尾草
		宁都蒙山牧业公司	狼尾草
		鄱阳莲湖孙坊草业公司	其他多年生饲草
		上饶市赣星肉牛生态养殖有限公司	狼尾草
		尚食园牧业公司	狼尾草
		腾达肉牛养殖场	狼尾草
		天硒现代农业	狼尾草
		兴盛牧业有限公司	狼尾草
		尹章滚牧草有限公司	狼尾草
		正合环保集团	狼尾草
山东（27家）			
		聊城市东昌府区创辉畜牧养殖合作社	青贮玉米
		滨州恒利农业开发有限公司	紫花苜蓿
		滨州宏坤农业科技有限公司	青贮玉米
		滨州市博兴县龙瑞牧业有限公司	青贮玉米
		滨州市沾化区鼎丰农业产业园有限公司	青贮玉米
		滨州市沾化区范庄农作物种植专业合作社	青贮玉米

加工企业生产情况（续）

单位：吨

干草生产量						青贮产品生产量
合计	草捆	草块	草颗粒	草粉	其他	
						700
						1000
						5000
						230
						720
						220
						360
						1800
920					920	
						1000
						5000
5200	3200			2000		
						310
						260
20000	20000					
						500
						3000
						2000
						1200
						800
						3000
						2000
174857	**34270**				**140587**	**791387**
						1167
3100	3100					
						2092
						7434
4580					4580	
5500					5500	

7-2 各地区草产品

地　区	牧区半牧区类别	企业名称	饲草种类
		滨州市沾化区瑞源农作物种植专业合作社	青贮玉米
		滨州市沾化区玉丰农牧渔种养专业合作社	紫花苜蓿
		滨州市沾化区支农农机服务专业合作社	青贮玉米
		博兴三一食品科技有限公司	青贮玉米
		博兴县陈户镇洪雷养殖场	青贮玉米
		博兴县陈户镇乃文养殖场	青贮玉米
		博兴县城东街道办事处盛利种植养殖场	青贮玉米
		博兴县广丰地畜牧有限公司	青贮玉米
		博兴县锦绣置业养殖场	青贮玉米
		博兴县明强牧业有限公司	青贮玉米
		博兴县生生养殖家庭农场	青贮玉米
		博兴县伟禄鑫养殖专业合作社	青贮玉米
		博兴县祥鼎牧业有限公司	青贮玉米
		博兴县延军养殖专业合作社	青贮玉米
		德州农慧农牧业专业合作联合社	青贮玉米
		东阿县东方肉牛养殖专业合作社	青贮玉米
		东阿县丰益农业开发有限公司	青贮玉米
		东阿县风调雨顺养驴专业合作社	青贮玉米
		东阿县鲁鸿牧业有限公司	青贮玉米
		东阿县绿旺养驴专业合作社	青贮玉米
		东营市聚福农业科技有限公司	青贮玉米
		高密市佳禾秸秆专业合作社	青贮玉米
		海阳海盛畜禽养殖专业合作社	青贮玉米
		海阳市大兴畜牧养殖专业合作社	青贮玉米
		海阳市宏鑫畜牧养殖专业合作社	青贮玉米
		海阳市家和禽畜养殖专业合作社	青贮玉米
		海阳市建涛养殖场	青贮玉米
		海阳市山里山羊养殖场	青贮玉米
		海阳市盛景奶牛养殖专业合作社	青贮玉米

加工企业生产情况（续）

单位：吨

干草生产量						青贮产品生产量
合计	草捆	草块	草颗粒	草粉	其他	
7000					7000	
3000	3000					
8931					8931	
						520
						1494
						1935
						2120
						3424
						4023
						2572
						2120
						287
						2677
						1310
20000					20000	30000
						1243
						1118
						620
						1544
						1179
						10000
						35000
						5127
						3447
						2575
						5831
						1758
						1819
						17359

7-2 各地区草产品

地 区	牧区半牧区类别	企业名称	饲草种类
		海阳市兴强家庭农场	青贮玉米
		海阳市旭茂畜牧养殖专业合作社	青贮玉米
		海阳市壮硕家庭农场	青贮玉米
		济南市杰瑞牧业有限公司	青贮玉米
		济南市莱芜农高区翠红家庭农场	青贮玉米
		济南市莱芜农高区绿野养殖专业合作社	青贮玉米
		济南市莱芜农高区森硕肉牛养殖专业合作社	青贮玉米
		济南市莱芜农高区胜法畜牧养殖场	青贮玉米
		济南市莱芜农高区田源养殖专业合作社	青贮玉米
		济南市莱芜农高区兴盛畜牧养殖有限公司	青贮玉米
		济南市莱芜区和庄镇上崔肉牛养殖场	青贮玉米
		济南市莱芜区牧田畜牧养殖专业合作社	青贮玉米
		济南市莱芜区卿熙家庭农场	青贮玉米
		济南市莱芜区文峰山肉牛养殖专业合作社	青贮玉米
		济南市莱芜区星火家庭农场	青贮玉米
		济南市莱芜区涌泉畜牧养殖专业合作社	青贮玉米
		济南市莱芜区志伟畜禽养殖专业合作社	青贮玉米
		济南市莱芜嬴泰农牧科技有限公司	青贮玉米
		济南市农高区台头肉牛养殖有限公司	青贮玉米
		济南燕山畜禽养殖专业合作社	青贮玉米
		济南优然牧业有限责任公司	青贮玉米
		济南增益奶牛养殖有限公司	青贮玉米
		济南长明牧业有限责任公司	青贮玉米
		济宁优饲草业有限公司	紫花苜蓿
		莱芜莱城区金凤家庭农场	青贮玉米
		莱芜市莱城区箐盛畜禽养殖专业合作社	青贮玉米
		莱芜市农高区牧田畜禽养殖专业合作社	青贮玉米
		莱阳市全德农机专业合作社	青贮玉米

加工企业生产情况（续）

单位：吨

干草生产量						青贮产品生产量
合计	草捆	草块	草颗粒	草粉	其他	
						1701
						12345
						2749
						4855
						1651
						2811
						1110
						4210
						4759
						6598
						7399
						6386
						2556
						5105
						816
						3753
						12169
						8303
						6164
						6211
						9990
						345
						840
						8300
						1325
						3615
						2025
58300					58300	169000

7-2 各地区草产品

地 区	牧区半牧区类别	企业名称	饲草种类
		利津泽润饲料有限公司	青贮玉米
		梁山县福盛奶牛养殖农民专业合作社	青贮玉米
		梁山县富民奶牛养殖有限公司	青贮玉米
		梁山县关祥养殖场	青贮玉米
		梁山县宏育源畜牧养殖专业合作社	青贮玉米
		梁山县牧慧畜牧养殖农民专业合作社	青贮玉米
		梁山县天立畜牧养殖专业合作社	青贮玉米
		聊城茂源牧业有限公司	青贮玉米
		聊城市东昌府区兴堂牧业有限公司	青贮玉米
		聊城市东昌府区张堤口养殖专业合作社	青贮玉米
		聊城市隆合养殖有限公司	青贮玉米
		临淄韩文忠养殖场	青贮玉米
		临淄康源奶牛养殖场	青贮玉米
		临淄区凤凰镇边树余养殖场	青贮玉米
		临淄区凤凰镇承玉奶牛养殖场	青贮玉米
		临淄区凤凰镇侯立辉养殖厂	青贮玉米
		临淄区凤凰镇刘晓丽养殖厂	青贮玉米
		临淄区凤凰镇齐涵家庭农场	青贮玉米
		临淄区稷下风芹肉牛养殖场	青贮玉米
		临淄区朱台镇高阳家庭农场	青贮玉米
		临淄区朱台镇海磊养殖场	青贮玉米
		青岛机场农业综合开发有限公司	紫花苜蓿
		日照牛壮牧业有限公司	青贮玉米
		日照市岚山澳兰德奶牛养殖专业合作社	青贮玉米
		日照市润生牧业有限公司	青贮玉米
		日照鲜纯生态牧业有限公司	青贮玉米
		山东安山牧业有限公司	青贮玉米
		山东博威特牧业有限公司	青贮玉米
		山东和盛牧业发展有限公司	青贮玉米

加工企业生产情况（续）

单位：吨

干草生产量						青贮产品生产量
合计	草捆	草块	草颗粒	草粉	其他	
						57300
						1692
						4420
						1634
						22144
						2291
						6028
						2944
						774
						891
						1944
						1200
						2500
						1200
						1200
						1000
						600
						5685
						1100
						9980
						3700
100	100					50
						1441
						3673
						16026
						29374
						5104
						634
						1157

7-2　各地区草产品

地　区	牧区半牧区类别	企业名称	饲草种类
		山东和盛牧业发展有限公司（准确）	青贮玉米
		山东佳源农牧科技有限责任公司	青贮玉米
		山东开泰山羊资源研究中心	青贮玉米
		山东菱花畜牧科技有限公司	青贮玉米
		山东绿风农业集团公司	紫花苜蓿
		山东绿健奶牛养殖有限公司	青贮玉米
		山东荣达农业发展有限公司	青贮玉米
		山东儒风生态农业开发有限公司	紫花苜蓿
		山东赛尔生态经济技术开发有限公司	紫花苜蓿
		山东省绿泉奶牛科技养殖有限公司	青贮玉米
		山东鑫森源农林科技有限公司	木本蛋白饲料
		山东中汇奶牛养殖有限公司	青贮玉米
		莘县高远达养牛专业合作社	青贮玉米
		莘县巨隆养殖有限公司	青贮玉米
		莘县科德肉牛牧业有限公司	青贮玉米
		莘县利忠养殖专业合作社	青贮玉米
		莘县莘傲畜牧养殖有限公司	青贮玉米
		莘县永兴养牛有限公司	青贮玉米
		泗水县奔盛养殖专业合作社	青贮玉米
		泗水县红山奶牛养殖有限公司	青贮玉米
		泗水县俊发养殖专业合作社	青贮玉米
		泗水县牧源养殖专业合作社	青贮玉米
		泗水县润旺养殖专业合作社	青贮玉米
		泗水县盛世泓源养殖专业合作社	青贮玉米
		潍坊市丰瑞农业科技有限公司	青贮玉米
			紫花苜蓿
		无棣棣旺种植专业合作社	紫花苜蓿
		无棣绿洲草业科技有限公司	紫花苜蓿
		无棣县中原草业科技开发有限公司	紫花苜蓿

加工企业生产情况（续）

单位：吨

干草生产量						青贮产品生产量
合计	草捆	草块	草颗粒	草粉	其他	
						4457
						960
						2624
						3300
2500	2500					
						3104
17200					17200	
2600	2600					
12000	12000					
						3550
3000					3000	
						22055
						630
						2702
						1239
						2681
						3005
						1488
						11437
						2892
						5497
						14096
						15449
						2595
						4008
570	570					11350
2900	2900					
4500	4500					
3000	3000					

7-2 各地区草产品

地　区	牧区半牧区类别	企业名称	饲草种类
		烟台程淏牧业有限公司	青贮玉米
		阳谷县农业开发有限公司	紫花苜蓿
		枣庄市胜元秸秆综合利用有限公司	青贮玉米
		沾化区三义家庭农场	青贮玉米
		淄博富泉肉牛养殖场	青贮玉米
		淄博康润奶牛养殖专业合作社	青贮玉米
		淄博临淄钟山奶牛合作社	青贮玉米
河南（21家）			
		郑州市首邑农业种植有限公司	紫花苜蓿
		河南花花牛农牧科技有限公司	紫花苜蓿
		河南今冠农牧有限公司	紫花苜蓿
		河南金农草业发展有限公司唐河分公司	青贮玉米
			大麦
		河南金农草业发展有限公司桐柏分公司	青贮玉米
		河南神州构牛农牧科技有限公司	木本蛋白饲料
		河南省春天农牧科技有限公司	紫花苜蓿
		开封市雨顺农业发展有限公司	紫花苜蓿
		洛阳常新生态农业科技有限公司	紫花苜蓿
		洛阳农道农业科技有限公司	木本蛋白饲料
		泌阳县恒兴农民种植专业合作社	青贮玉米
		南阳市卧龙区农开饲草公司	青贮玉米
			紫花苜蓿
		盛华春生物科技有限公司	木本蛋白饲料
		西平恒东农牧有限公司	青贮玉米
		信阳市南林实业有限公司	木本蛋白饲料
		宜阳县禾佳牧草公司	木本蛋白饲料
		镇平县敏霞牧业有限公司	紫花苜蓿
		正阳县军耕家庭农场	紫花苜蓿
		郑州丰裕农业种植有限公司	紫花苜蓿

加工企业生产情况（续）

单位：吨

干草生产量						青贮产品生产量
合计	草捆	草块	草颗粒	草粉	其他	
						17084
6976					6976	
						12000
9100					9100	
						3200
						3000
						415
28160	**10060**	**10300**	**330**	**7350**	**120**	**287974**
850	850					
950	950					
900	900					
						11653
						3720
						52000
						37520
660	660					
480	480					
9000		9000				
						950
						130000
						24000
560	560					3034
7000				7000		2380
						8537
						4680
						1500
2960	1460	700	330	350	120	
2400	1800	600				
1100	1100					1200

7-2 各地区草产品

地区	牧区半牧区类别	企业名称	饲草种类
湖北（16家）		郑州极致农业发展有限公司	紫花苜蓿
		郑州泽湖生态农业开发有限公司	青贮玉米
		湖北天耀秸秆综合利用专业合作社	青贮玉米
		湖北亿隆生物科技有限公司	青贮玉米
		黄冈市黄州区创丰农作物种植专业合作社	青贮玉米
		黄冈市黄州区恒金农产品种植专业合作社	青贮玉米
		黄冈是黄州区豪情青饲料种植专业合作社	青贮玉米
		荆门市华中农业开发有限公司	老芒麦
		荆州市滨湖肉牛养殖有限公司	其他一年生饲草
		美饲草业有限公司	其他一年生饲草
		沙洋县科牧有限公司	其他一年生饲草
		西藏邦达圣草生物科技有限公司团风分公司	狼尾草
		襄阳市沁和农业科技有限公司	青贮玉米
		新天汇生态农业公司	其他一年生饲草
		宜城市国庆农牧有限公司	紫花苜蓿
		宜城市鑫宏源现代农业有限公司	青贮玉米
		郧西县永立农牧科技有限公司	青贮玉米
		竹溪县畜牧生态产业园	青贮青饲高粱
湖南（7家）		何争焰养殖场	墨西哥类玉米
		湖南马氏牧业	青贮玉米
		湖南先创牧业科技有限公司	多花黑麦草
		建斌蔬菜种植合作社	青贮玉米
		双峰县鸿运农民专业合作社	其他多年生饲草
		绥宁县高登山生态农牧发展有限公司	青贮玉米
		阳光乳业第一牧场	紫花苜蓿

加工企业生产情况（续）

单位：吨

干草生产量						青贮产品生产量
合计	草捆	草块	草颗粒	草粉	其他	
1300	1300					800
						6000
266450	**223950**	**39000**		**3500**		
15000	15000					
11000	11000					
22000	22000					
2000	2000					
1800	1800					
2500	2500					
11500	8000			3500		
12000		12000				
50000	35000	15000				
4700	4700					
4000	4000					
12000		12000				
350	350					
2600	2600					
15000	15000					
100000	100000					
4191	**1630**	**337**	**16**	**104**	**2103**	**13100**
68	30	17	16	4	1	
2100					2100	
2					2	2000
1001	1000					10000
300	300					
500	300	100		100		300
220		220				800

7-2 各地区草产品

地 区	牧区半牧区类别	企业名称	饲草种类
广东（5家）			
		高州市春色养殖专业合作社	狼尾草
		广东羽洁农业生态发展有限公司	狼尾草
		梅州彧园山仁农业有限公司	狼尾草
		阳江市骏林牧业有限公司	狼尾草
		湛江金鹿实业发展 有限公司	狼尾草
广西（18家）			
		北海市群兴黄牛养殖场	多年生黑麦草
		大新县上甲生态农业有限公司	其他一年生饲草
		大新县四季草料储仓加工厂	其他一年生饲草
		都安永吉澳寒羊种养专业合作社	狼尾草
		广西都安桂合泉生态农业有限公司	狼尾草
		广西都安益达山羊品改农民专业合作社	狼尾草
		广西汇创牧业有限公司	狗尾草
		广西嘉豪实业有限公司	狼尾草
		广西拓源丰惠农业发展有限公司	青贮玉米
		广西武宣金泰丰农业科技发展有限公司	青贮玉米
		宁明县大明亮农牧业有限责任公司	其他多年生饲草
		天等县宏秀牧业有限公司	青贮青饲高粱
		田阳县四季丰畜牧业有限公司	狼尾草
			青贮玉米
		武宣县汇丰育牛专业合作社	青贮玉米
		武宣县金汇丰牧草种植专业合作社	青贮玉米
		武宣县庆丰牧草种植专业合作社	青贮玉米
		武宣县裕丰玉米种植专业合作社	青贮玉米
		忻城县逸程生态农牧有限公司	狼尾草
海南（1家）			
		东方市红兴玉翔养殖农民专业合作社	其他多年生饲草
重庆（3家）			
		丰都县大地牧歌	狼尾草

加工企业生产情况（续）

单位：吨

干草生产量						青贮产品生产量
合计	草捆	草块	草颗粒	草粉	其他	
10570	**70**		**10500**			**89870**
						10
						75000
						10080
10500			10500			4500
70	70					280
57991	**28031**	**18360**	**9600**	**1000**	**1000**	**81790**
						30
						13700
160		160				580
3400		3400				2
5800		5800				3
3400		3400				2
25000	25000					
5600		5600				3
						1000
						4500
5000	3000			1000	1000	4000
31	31					621
						7050
						37400
						1300
						4100
						3400
						4100
9600			9600			
25100					**25100**	
25100					25100	
						32103
						18000

7-2 各地区草产品

地 区	牧区半牧区类别	企业名称	饲草种类
四川（22家）		重庆山仁芸草农业科技开发有限公司	狼尾草
			多花黑麦草
		重庆市小白水农业开发有限公司	狼尾草
	牧 区	阿坝县现代畜牧产业发有限责任公司	燕麦
		安县原野畜禽养殖有限公司	其他多年生饲草
	半牧区	会理县吉龙生态种养殖专业合作社	多年生黑麦草
	半牧区	会理县吉龙种养殖专业合作社	紫花苜蓿
		江安县憨石牧业有限公司	青贮玉米
		龙威种植专业合作社	青贮玉米
		泸州市东牛牧场科技有限公司	其他多年生饲草
	牧 区	麦溪乡兴隆草业农民专业合作社	披碱草
		绵阳市九升农业科技有限公司	其他多年生饲草
			青贮青饲高粱
			青贮玉米
		绵阳市隆豪农业有限公司	青贮玉米
		绵阳泰平农贸科技有限公司	青贮玉米
		三台豪发家庭农场	青贮玉米
		三台县豪发家庭农场	其他多年生饲草
		三台县凯亿吉农业综合开发有限责任公司	青贮玉米
		三台县志宏秸秆资源利用加工厂	青贮玉米
		四川古蔺牛郎牧业投资发展有限公司	多年生黑麦草
	牧 区	四川和牧牧业有限责任公司	老芒麦
	牧 区	四川农垦开发公司	披碱草
	半牧区	松潘县雪域虹润养殖有限责任公司	燕麦
		宣汉县富悦农业开发有限公司（渠县分公司）	青贮玉米
		盐亭县鸿源肉牛养殖公司	其他多年生饲草
			青贮玉米

加工企业生产情况（续）

单位：吨

干草生产量						青贮产品生产量
合计	草捆	草块	草颗粒	草粉	其他	
						5824
						2107
						6172
18683	**17428**	**455**			**800**	**170490**
780	780					
						4800
200					200	
400					400	
6800	6800					6800
4238	4238					
						15000
60	60					
						42500
						1600
						8000
						40000
						30000
						1140
						4050
						8500
						5600
500	500					
750	750					
300	300					
455		455				
4000	4000					
200					200	1000
						500

7-2　各地区草产品

地　区	牧区半牧区类别	企业名称	饲草种类
贵州（13家）		盐亭县三江源家庭农场	其他多年生饲草
			青贮玉米
		安顺市西秀区黑山种养殖专业合作社	青贮青饲高粱
		丹寨县者拉村肥肥菌草种植专业合作社	狼尾草
		关岭盛世草业公司	青贮玉米
		关岭县华云养殖有限公司	青贮玉米
			狼尾草
		贵州恒兴生态农业公司	青贮玉米
		贵州双高畜牧有限公司	狼尾草
		贵州欣大牧农业发展有限公司	青贮玉米
			狼尾草
		贵州尤开生态农业发展有限公司	其他多年生饲草
		晴隆县草地公司	紫花苜蓿
		石阡县高塘村集体经济专业合作社牧草加工厂	青贮玉米
		石阡县黄金山村同心农牧专业合作社	青贮玉米
		正安县雍博农业发展有限公司	多花黑麦草
		紫云自治县新农科技农业有限公司	狼尾草
云南（15家）		诚信农牧业公司	青贮玉米
		洱源绿源秸秆加工基地	青贮玉米
		洱源县惠农奶牛养殖专业合作社	青贮玉米
		洱源县礼根养殖专业合作社	青贮玉米
		洱源县灵宇种植养殖专业合作社	青贮玉米
			紫花苜蓿
		科兴肉牛养殖专业合作社	青贮玉米
		昆能公司	多花黑麦草
		宁洱瑞龙种养殖专业合作社	青贮玉米

加工企业生产情况（续）

单位：吨

干草生产量						青贮产品生产量
合计	草捆	草块	草颗粒	草粉	其他	
						600
						400
14880	**12090**	**10**	**10**	**10**	**2760**	**38451**
900					900	
						150
						1500
						10500
						8500
						200
2500	2500					
						4500
						8505
1850					1850	
70	70					
						350
						1200
9420	9420					46
140	100	10	10	10	10	3000
4012	**2682**	**1200**			**130**	**63615**
						8000
						2790
						15419
						2175
						1436
						400
						6000
2250	1050	1200				2002
1500	1500					

7-2 各地区草产品

地 区	牧区半牧区类别	企业名称	饲草种类
		宁蒗金牛农产品开发有限公司	鸭茅
		宁蒗县步鹏畜禽养殖有限公司	鸭茅
		双柏乡太和江土家黄牛养殖合作社	狼尾草
		西盟三江并流 农业开发有限公司	青贮玉米
		西盟上寨养牛农民专业合作社	青贮玉米
		永宁乡温泉益西养殖专业合作社	多年生黑麦草
		云南祥鸿农牧业发展有限公司	青贮玉米
西藏（6家）	牧 区	昌果乡昌果村合作社	燕麦
		江孜县吉峰农机服务农民专业合作社	燕麦
		西藏阿香蒜业有限公司	燕麦
	半牧区	西藏蓄腾农牧科技发展有限公司	燕麦
	半牧区	西藏蓄腾农牧生态有限公司	小黑麦
	牧 区	西藏嘎尔德生态畜牧产业生态有限公司	燕麦
陕西（255家）		八戒农牧有限责任公司千阳分公司	青贮玉米
		宝鸡得力康乳业有限公司岐山奶牛场	青贮玉米
		宝鸡凯农现代牧业有限公司	青贮玉米
		宝鸡秦宝良种牛繁育责任有限公司	青贮玉米
		宝鸡众羊生态牧业有限公司	青贮玉米
		北村奶牛合作社	青贮玉米
		大荔苜蓿坤伯农业公司	紫花苜蓿
		大荔农垦朝邑公司	紫花苜蓿
		大荔县苜蓿种植合作社	紫花苜蓿
		富贵农牧有限公司	紫花苜蓿
		高台黄米山村种养殖专业合作社	青贮玉米
		合阳县河滩农产品专业合作社	紫花苜蓿
		恒阳养殖专业合作社	青贮玉米
		泾阳晨辰奶牛养殖专业合作社	青贮玉米

加工企业生产情况（续）

单位：吨

干草生产量						青贮产品生产量
合计	草捆	草块	草颗粒	草粉	其他	
40					40	32
45					45	46
132	132					
						19600
						750
45					45	35
						4930
23048	**23048**					
20867	20867					
429	429					
194	194					
800	800					
550	550					
208	208					
28408	**27463**	**110**	**65**	**770**		**614065**
						6300
						5600
						150
						5600
						880
						2100
1800	1800					
1220	1220					
1800	1800					
310	310					
						100
1000	1000					
						140
						6000

7-2　各地区草产品

地　区	牧区半牧区类别	企业名称	饲草种类
		泾阳县金园牧业有限公司	青贮玉米
		泾阳县农兴奶牛养殖专业合作社	青贮玉米
		泾阳县秦辉奶牛养殖专业合作社	青贮玉米
		泾阳县兴辉奶牛养殖专业合作	青贮玉米
		栏杆堡西赵庄村股份经济合作社	青贮玉米
		龙辉奶牛养殖专业合作社	青贮玉米
		陇县东风老观绿鑫饲草种植专业合作社	青贮玉米
			紫花苜蓿
		陇县高山肉畜养殖专业合作社	紫花苜蓿
		陇县康源奶山羊场	紫花苜蓿
		陇县平安奶羊场	紫花苜蓿
		陇县鑫瑞牧草专业合作社	紫花苜蓿
		陇县鑫峪肉牛专业合作社	青贮玉米
		陇县永禾牧草专业合作社	紫花苜蓿
			青贮玉米
		陇县有丰生物饲草有限公司	紫花苜蓿
		绿丰沙草业合作社	紫花苜蓿
			柠条
		绿田园生态农牧有限责任公司	紫花苜蓿
		眉县澳华现代牧业有限责任公司	青贮玉米
		眉县博望肉牛养殖有限公司	青贮玉米
		眉县晨辉奶牛饲草专业合作社	青贮玉米
		眉县和旭奶牛饲草专业合作社	青贮玉米
		眉县宏军现代牧业有限公	青贮玉米
		眉县金秋奶牛饲草专业合作社	青贮玉米
		眉县金宇家庭农场	青贮玉米
		眉县康达养殖专业合作社	青贮玉米
		眉县瑞峰牧业专业合作社	青贮玉米
		眉县晓峰奶牛饲草专业合作社	青贮玉米

加工企业生产情况（续）

单位：吨

干草生产量						青贮产品生产量
合计	草捆	草块	草颗粒	草粉	其他	
						7000
						5000
						8000
						6000
						400
						2500
						360
340	340					
87	87					
58	58					
58	58					
440	440					
						500
500	500					
						200
65			65			
720	270			450		
190				190		
700	700					
						11000
						100
						600
						900
						1000
						1900
						850
						370
						160
						1400

7-2 各地区草产品

地　区	牧区半牧区类别	企业名称	饲草种类
		眉县兴旺奶牛饲草专业合作社	青贮玉米
		眉县忠科奶牛养殖专业合作社	青贮玉米
		眉县周绪家庭农场	青贮玉米
		奶山羊发展公司	青贮玉米
		宁陕县伊丰种养专业合作社	青贮玉米
		评上村股份经济合作社	青贮玉米
		岐山县嘉泰隆奶牛养殖场	青贮玉米
		岐山县绿叶牧业有限公司	青贮玉米
		岐山县秦源牧业有限公司	青贮玉米
		岐山县永生种养殖农民专业合作社	青贮玉米
		千阳县草原天地牧业有限公司	青贮玉米
		千阳县丰源奶畜专业合作社	青贮玉米
		千阳县绿山奶业专业合作社	青贮玉米
		千阳县千顺祥奶畜专业合作社	青贮玉米
		千阳县向阳奶畜专业合作社	青贮玉米
		千阳县宇昌牧业有限责任公司	青贮玉米
		乾县嘉和奶牛养殖专业合作社	青贮玉米
		乾县农兴养殖专业合作社	青贮玉米
		乾县鑫润奶牛养殖农民专业合作社	青贮玉米
		乾县众益丰养殖专业合作社	青贮玉米
		秦之宝养殖专业合作社	青贮玉米
		瑞丰塬牧业有限公司	青贮玉米
		瑞银牧业有限公司	青贮玉米
		睿正牧业公司	青贮玉米
		三合奶牛专业合作社	青贮玉米
		三贤畜牧养殖专业合作社	青贮玉米
		陕垦牧业有限公司	青贮玉米
		陕西奥能生物科技有限公司	青贮玉米
		陕西澳美慧科技有限公司	青贮玉米

加工企业生产情况（续）

单位：吨

干草生产量						青贮产品生产量
合计	草捆	草块	草颗粒	草粉	其他	
						3800
						900
						970
						850
						200
						230
						4900
						7000
						2880
						430
						840
						420
						320
						1800
						2000
						230
						5427
						2086
						5804
						1661
						320
						420
						2870
						10000
						570
						2100
						25000
						530
						12000

7-2 各地区草产品

地 区	牧区半牧区类别	企业名称	饲草种类
			青贮玉米
		陕西晟杰实业有限公司	紫花苜蓿
		陕西高寒川牧业有限公司	青贮玉米
		陕西好禾来草业公司	紫花苜蓿
		陕西浩翔农业科技有限责任公司	青贮玉米
		陕西家家园生态农业有限公司	青贮玉米
		陕西建兴奶牛繁育有限公司	青贮玉米
		陕西泾阳祥泰牧业有限责任公司	青贮玉米
		陕西泾阳鑫园牧业有限公司	青贮玉米
		陕西联盛农业发展有限公司	青贮玉米
		陕西农得利现代牧业发展有限公司	青贮玉米
		陕西神果良种奶山羊繁育有限公司	青贮玉米
		陕西省农垦大荔农场有限责任公司	青贮玉米
		陕西省农垦集团朝邑农场有限责任公司	青贮玉米
		陕西盛春生态牧业公司	紫花苜蓿
		陕西武功武杨牧业有限公司	青贮玉米
		陕西兄弟养殖有限责任公司	青贮玉米
		陕西益昌现代生态农牧有限公司	青贮玉米
		陕西英考鸵鸟股份有限公司	青贮玉米
		陕西中牛种养殖有限公司	青贮玉米
		陕西众诚智慧牧业科技公司	紫花苜蓿
		陕西周原牧业有限公司	青贮玉米
		神木牛大叔农业科技有限公司	青贮玉米
		神木市摆言采当永红特种种养殖有限公司	青贮玉米
		神木市崇盛家庭农场	青贮玉米
		神木市春蔚绿色生态农牧有限公司	青贮玉米
		神木市丁三怀养殖有限公司	青贮玉米
		神木市东澳种养殖示范牧场	青贮玉米
		神木市东荣现代生态农牧有限公司	青贮玉米

加工企业生产情况（续）

单位：吨

干草生产量						青贮产品生产量
合计	草捆	草块	草颗粒	草粉	其他	
						18000
2800	2800					
						14900
8000	8000					
						600
						1600
						15000
						7000
						10000
						3375
						7000
						2789
						1100
						35600
1200	1200					
						1368
						2370
						3730
						2700
						1000
110		110				
						1400
						1100
						170
						400
						640
						1960
						400
						1060

7-2 各地区草产品

地　区	牧区半牧区类别	企业名称	饲草种类
		神木市尔林兔镇白占占家庭农场	青贮玉米
		神木市尔林兔镇曹斌农民专业合作社	青贮玉米
		神木市尔林兔镇美霞家庭农场	青贮玉米
		神木市尔林兔镇庙壕村高子明家庭农场	青贮玉米
		神木市尔林兔镇农牧双丰家庭农场	青贮玉米
		神木市尔林兔镇润虎家庭农场	青贮玉米
		神木市尔林兔镇折艳廷家庭农场	青贮玉米
		神木市二有养殖农民专业合作社	青贮玉米
		神木市飞飞养殖专业合作社	青贮玉米
		神木市富华种养殖有限公司	青贮玉米
		神木市富源养殖有限责任公司	青贮玉米
		神木市高家采当种养殖农民专业合作社	青贮玉米
		神木市高李堂家庭牧场	青贮玉米
		神木市高兴庄高鹏飞养殖农民专业合作社	青贮玉米
		神木市高志强种养殖有限公司	青贮玉米
		神木市关崖窑种养殖合作社	青贮玉米
		神木市国军种养殖有限公司	青贮玉米
		神木市浩霖生态养殖有限公司	青贮玉米
		神木市禾道丰农业发展有限公司	青贮玉米
		神木市亨瑞种养殖有限公司	青贮玉米
		神木市宏晨源种养殖农民专业合作社	青贮玉米
		神木市宏图种养殖合作社	青贮玉米
		神木市金元绿色无公害种养研发有限公司	青贮玉米
		神木市聚丰农民专业合作社	青贮玉米
		神木市聚科农牧发展有限公司	青贮玉米
		神木市科绿农民专业合作社	青贮玉米
		神木市栏杆堡光田种养殖农民专业合作社	青贮玉米
		神木市李军种养殖有限公司	青贮玉米
		神木市立业家庭农场	青贮玉米

加工企业生产情况（续）

单位：吨

干草生产量						青贮产品生产量
合计	草捆	草块	草颗粒	草粉	其他	
						550
						310
						280
						200
						150
						480
						160
						150
						110
						180
						500
						290
						140
						170
						740
						2400
						330
						1750
						770
						260
						240
						280
						340
						140
						710
						230
						280
						500
						350

7-2　各地区草产品

地　区	牧区半牧区类别	企业名称	饲草种类
		神木市林珠种养殖农民专业合作社	青贮玉米
		神木市刘中华家庭农场	青贮玉米
		神木市蒙神牧业科技发展有限公司	青贮玉米
		神木市庙壕村永正种养殖农民专业合作社	青贮玉米
		神木市牛天堂乳业有限公司	青贮玉米
		神木市农丰农业发展有限公司	青贮玉米
		神木市鹏鑫种养殖农民专业合作社	青贮玉米
		神木市秦北肉羊发展有限公司	青贮玉米
		神木市秦滨种养殖有限公司	青贮玉米
		神木市锐腾种养殖农民专业合作社	青贮玉米
		神木市瑞章农牧发展有限公司	青贮玉米
		神木市珅艳农牧业养殖有限公司	青贮玉米
		神木市神湖种养殖有限公司	青贮玉米
		神木市盛泉农牧业发展有限公司	青贮玉米
		神木市盛腾种养殖有限公司	青贮玉米
		神木市石板太魏贵忠家庭农场	青贮玉米
		神木市世云种养殖农民专业合作社	青贮玉米
		神木市太和庄种养殖农民专业合作社	青贮玉米
		神木市旺升农民专业合作社	青贮玉米
		神木市五禾生态农业有限公司	青贮玉米
		神木市西葫芦素农牧发展有限公司	青贮玉米
		神木市小温养殖场	青贮玉米
		神木市雄胜种养殖有限公司	青贮玉米
		神木市薛红种养殖农民专业合作社	青贮玉米
		神木市亚娥农民专业合作社	青贮玉米
		神木市燕换云养殖有限公司	青贮玉米
		神木市杨卫成家庭农场	青贮玉米
		神木市益宝盛种养殖有限公司	青贮玉米
		神木市永柳种养殖农民专业合作社	青贮玉米

加工企业生产情况（续）

单位：吨

干草生产量						青贮产品生产量
合计	草捆	草块	草颗粒	草粉	其他	
						140
						110
						2200
						600
						1260
						1500
						180
						1100
						480
						120
						390
						230
						680
						820
						120
						180
						120
						520
						850
						1270
						180
						850
						570
						170
						110
						160
						210
						400
						380

7-2 各地区草产品

地 区	牧区半牧区类别	企业名称	饲草种类
		神木市永平种养殖农民专业合作社	青贮玉米
		神木市玉翠养殖专业合作社	青贮玉米
		神木市玉林种养殖有限公司	青贮玉米
		神木市月盛园种养殖农民专业合作社	青贮玉米
		神木市占雄养殖农业合作社	青贮玉米
		神木市张果华种养殖有限公司	青贮玉米
		神木市长江神牛乳业有限公司	青贮玉米
		神木市长青健康农产业发展公司	青贮玉米
		神木市职教中心航宇乳业有限公司	青贮玉米
		神木市智慧绿色种养殖有限公司	青贮玉米
		神木市中鸡镇美好家庭农场	青贮玉米
		神木市中鸡镇纳林彩当股份经济合作社	青贮玉米
		神木市忠祥农民专业合作社	青贮玉米
		神木市众兴种养殖农民专业合作社	青贮玉米
		神木县恒森农民专业合作社	青贮玉米
		神木县茂荣养殖农民专业合作社	青贮玉米
		神木县小明养殖有限公司	青贮玉米
		神木县杨小平农民专业合作社	青贮玉米
		神木县张埃祥种养殖农民专业合作社	青贮玉米
		神木县张小荣养殖农民专业合作社	青贮玉米
		随安畜牧养殖专业合作社	青贮玉米
		桐花庄农牧专业合作社	青贮玉米
		铜川市耀州区羊联盟饲草专业合作社	青贮玉米
		王二牛奶牛场	紫花苜蓿
		渭南盛丰牧业有限公司	紫花苜蓿
		武功大鹏牧业有限责任公司	青贮玉米
		武功县大丰牧场	青贮玉米
		武功县发辉奶山羊养殖场	青贮玉米
		武功县嘉兴奶牛养殖专业合作社	青贮玉米

加工企业生产情况（续）

单位：吨

干草生产量						青贮产品生产量
合计	草捆	草块	草颗粒	草粉	其他	
						140
						2900
						210
						320
						570
						600
						960
						3600
						1500
						200
						100
						250
						190
						910
						1600
						360
						470
						230
						360
						360
						1450
						130
						4000
900	900					
780	780					
						4943
						1591
						1005
						2231

7-2 各地区草产品

地　区	牧区半牧区类别	企业名称	饲草种类
		武功县康顺鑫肉牛养殖场	青贮玉米
		武功县联盛奶牛养殖场	青贮玉米
		武功县锐丰畜牧养殖合作社	青贮玉米
		武功县瑞豪养殖专业合作社	青贮玉米
		武功县香尧村红阳养殖专业合作社	青贮玉米
		武功县新星奶牛养殖场	青贮玉米
		武功县鑫城种植专业合作社	青贮玉米
		武功县旭方农业发展有限公司	青贮玉米
		武功县正泰牧业有限公司	青贮玉米
		西安博赫牧业有限公司	青贮玉米
		西安草滩牧业有限公司	青贮玉米
		西安凯旋奶业有限责任公司	青贮玉米
		西安市临潼区百强奶牛养殖专业合作社	青贮玉米
		西安市临潼区北田办沣塬牧场	青贮玉米
		西安市临潼区北田街办西渭牧场	青贮玉米
		西安市临潼区代王缠峰奶牛家庭农场	青贮玉米
		西安市临潼区丰硕养殖专业合作社	青贮玉米
		西安市临潼区峰源奶山羊养殖专业合作社	青贮玉米
		西安市临潼区季虎奶羊专业合作社	青贮玉米
		西安市临潼区京京养殖有限公司	青贮玉米
		西安市临潼区任家奶牛养殖有限公司	青贮玉米
		西安市临潼区瑞源牧业有限公司	青贮玉米
		西安市临潼区泰盛牧业有限公司	青贮玉米
		西安市临潼区相桥牧康养殖有限公司	青贮玉米
		西安市临潼区相桥志成养殖有限公司	青贮玉米
		西安市临潼区徐杨真意牲畜饲养有限公司	青贮玉米
		西安市临潼区雁宇养羊专业合作社	青贮玉米
		西安市临潼区阳光牧业有限责任公司	青贮玉米
		西安市临潼区杨南湾绿鲜养羊专业合作社	青贮玉米

加工企业生产情况（续）

单位：吨

干草生产量						青贮产品生产量
合计	草捆	草块	草颗粒	草粉	其他	
						1395
						2273
						5688
						1377
						1202
						1084
						1951
						1890
						1825
						2400
						29000
						7700
						4200
						1200
						4800
						90
						230
						200
						500
						2800
						1800
						1900
						1400
						180
						150
						1300
						650
						1800
						800

7-2 各地区草产品

地　区	牧区半牧区类别	企业名称	饲草种类
		西安市临潼区永平牧业有限责任公司	青贮玉米
		西安市临潼区志成养殖专业合作社	青贮玉米
		西安市阎良区海文畜牧养殖专业合作社	青贮玉米
		西安市阎良区盛世永纪奶牛养殖专业合作社	青贮玉米
		西安市阎良区子扬肉牛养殖专业合作社	青贮玉米
		西安昕洋牧业有限责任公司	青贮玉米
		西安兴盛源牧业有限公司	青贮玉米
		西安阎良关山新马奶牛养殖专业合作社	青贮玉米
		西安一诺农牧草业有限公司	青贮玉米
		西寨村股份经济合作社	青贮玉米
		现代牧业（宝鸡）有限公司	青贮玉米
		鑫华农牧专业合作社	青贮玉米
		兴旺奶牛专业合作社	青贮玉米
		延安秀延种养殖生态专业合作社	青贮玉米
		阎良区北冯奶牛专业合作社	青贮玉米
		阎良区绿草地肉牛养殖有限公司	青贮玉米
		阎良区牧歌畜牧养殖专业合作社	青贮玉米
		阎良区宿家养殖有限公司	青贮玉米
		阎良区孙家村奶牛养殖专业合作社	青贮玉米
		阎良区兴隆养羊专业合作社	青贮玉米
		阎良区兴牧奶牛专业合作社	青贮玉米
		永兴奶牛养殖专业合作社	青贮玉米
		榆林绿能农牧业有限公司	紫花苜蓿
		榆阳区华林农业有限公司	紫花苜蓿
		榆阳区培植农牧业有限公司	紫花苜蓿
		张波草粉厂	柠条
		众天养牛专业合作社	青贮玉米
		子长县保成种牛养殖专业合作社	青贮玉米

加工企业生产情况（续）

单位：吨

干草生产量						青贮产品生产量
合计	草捆	草块	草颗粒	草粉	其他	
						5000
						200
						3900
						530
						2000
						10700
						4500
						2550
						1600
						200
						85000
						190
						560
						3700
						310
						3100
						5300
						250
						740
						11400
						280
						280
2000	2000					
800	800					
2400	2400					
130				130		
						450
						900

7-2 各地区草产品

地　区	牧区半牧区类别	企业名称	饲草种类
甘肃（227 家）		子长县富民种养殖专业合作社	青贮玉米
		子长县富祥养牛专业合作社	青贮玉米
		子长县建明肉牛有限公司	青贮玉米
		子长县金硕种养殖专业合作社	青贮玉米
		子长县绿色家园种养殖专业合作社	青贮玉米
		子长县瑞鑫种养殖专业合作社	青贮玉米
		子长县润平种养殖农业合作社	青贮玉米
		子长县塑瑞种养殖专业合作社	青贮玉米
		子长县新寨河无公害大棚油桃专业合作社	青贮玉米
		子长县兴茂园养殖专业合作社	青贮玉米
		子长县兴民种养殖专业合作社	青贮玉米
		子长县长丰果树专业合作社	青贮玉米
		子长县众鼎惠种养殖专业合作社	青贮玉米
		子长县众富农牧科技发展有限公司	青贮玉米
		白银粮友种植农民专业合作社	紫花苜蓿
			红豆草
		定西巨盆草牧业有限公司	红豆草
			青贮玉米
			紫花苜蓿
		定西聚鑫牧草农民专业合作社	紫花苜蓿
		定西明盛牧草有限公司	青贮玉米
			紫花苜蓿
			燕麦
		定西市纵源牧业农牧农民专业合作社	紫花苜蓿
			青贮玉米
		定西永胜农民专业合作社	青贮玉米
			紫花苜蓿
	半牧区	东寨镇兴农牧田农牧综合专业合作社	紫花苜蓿

加工企业生产情况（续）

单位：吨

干草生产量						青贮产品生产量
合计	草捆	草块	草颗粒	草粉	其他	
						3000
						300
						500
						900
						630
						2200
						1200
						700
						4200
						150
						4000
						3400
						300
						160
1436912	**990455**	**82821**	**154096**	**76175**	**133366**	**1378020**
250	250					
250	250					
4000	4000					
						200010
21000	21000					
20000	10000		10000			
						93000
9000	9000					
1000	1000					
12000	12000					
						22500
						20000
20000	20000					
3500	3500					

7-2 各地区草产品

地　区	牧区半牧区类别	企业名称	饲草种类
		敦煌市程宸农牧有限责任公司	紫花苜蓿
		敦煌市郭发养羊农民专业合作社	紫花苜蓿
		敦煌市盛合葡萄农民专业合作社	其他多年生饲草
		丰太草业合作社	紫花苜蓿
			青贮玉米
		甘肃北山农牧开发有限公司	青贮玉米
	牧　区	甘肃藏丰原农牧开发有限公司	小黑麦
			燕麦
	半牧区	甘肃丰实农业科技发展有限公司	燕麦
		甘肃冠华生态工程有限公司	紫花苜蓿
		甘肃禾吉草业有限公司	青贮玉米
			紫花苜蓿
		甘肃宏福现代农牧产业有限责任公司	青贮玉米
		甘肃华瑞农业股份有限公司	青贮玉米
			紫花苜蓿
		甘肃会丰草业科技技术有限公司	紫花苜蓿
	半牧区	甘肃荟荣草业有限公司	紫花苜蓿
	半牧区	甘肃荟荣草业有限责任公司	燕麦
			青贮玉米
		甘肃康美现代农牧产业集团有限公司	青贮玉米
		甘肃康牧草业有限责任公司	紫花苜蓿
		甘肃刘家峡农业开发集团有限公司	紫花苜蓿
	半牧区	甘肃龙麒生物科技有限公司	燕麦
		甘肃陇穗草业有限公司	青贮玉米
	半牧区	甘肃绿都农业开发有限公司	紫花苜蓿
		甘肃绿源牧草有限公司	青贮玉米
	半牧区	甘肃民吉农牧科技有限公司	其他多年生饲草
		甘肃民祥有限公司	紫花苜蓿
			青贮玉米

加工企业生产情况（续）

单位：吨

干草生产量						青贮产品生产量
合计	草捆	草块	草颗粒	草粉	其他	
1500			1500			
2000			2000			
1000			1000			
600	600					
						3000
3000	3000					
145	25		120			
200	60		140			
1600	1600					
6800	6800					
						20000
20000	20000					
10062				4000	6062	
8000					8000	
2600	2600					
900	500		200	200		
20000	20000					
15000	15000					
1000					1000	100000
18595			10000		8595	
3000	2000		1000			
350	350					
150	150					
12000	12000					
2870	2870					
						2500
50000	30000	10000		10000		
42787	20112		11200	11475		20000
						241000

7-2 各地区草产品

地 区	牧区半牧区类别	企业名称	饲草种类
			燕麦
		甘肃启瑞农业科技发展有限公司	紫花苜蓿
		甘肃启臻农业发展有限公司	紫花苜蓿
		甘肃睿泽农业发展有限公司	紫花苜蓿
			红豆草
	半牧区	甘肃三宝农业科技发展有限公司	燕麦
			紫花苜蓿
	半牧区	甘肃山水绿源饲草加工有限公司	燕麦
		甘肃省绿沃农业科技发展有限公司	紫花苜蓿
		甘肃省万紫千红牧草产业有限公司	紫花苜蓿
	半牧区	甘肃首曲生态农业技术有限公司	紫花苜蓿
		甘肃水务节水科技发展有限责任公司	紫花苜蓿
		甘肃四方草业有限公司	紫花苜蓿
		甘肃腾渊农牧开发有限公司	青贮玉米
	半牧区	甘肃天马正时生态农牧专业合作和	燕麦
	半牧区	甘肃田艺农牧科技有限公司	紫花苜蓿
		甘肃田塬农牧业有限公司	青贮玉米
		甘肃万物春绿色农牧科技开发有限公司	紫花苜蓿
		甘肃伟凯牧业有限公司	青贮玉米
		甘肃现代草业有限公司	燕麦
			紫花苜蓿
			青贮玉米
		甘肃鑫渊盛草业有限责任公司	青贮玉米
	半牧区	甘肃杨柳青牧草公司	紫花苜蓿
	半牧区	甘肃永康源草业有限公司	紫花苜蓿
	半牧区	甘肃永沃生态农业有限公司	燕麦
			箭筈豌豆
			小黑麦
	半牧区	甘肃中牧山丹马场有限责任公司	燕麦

加工企业生产情况（续）

单位：吨

干草生产量						青贮产品生产量
合计	草捆	草块	草颗粒	草粉	其他	
						15000
30000			30000			
250	250					
325	325					
325	325					
19000	19000					
5000	5000					
16000	16000					
8	8					
19000	4000		12000	3000		
2608	2608					
780	780					
2500	2500					
						25000
840	840					
2240	2240					
						120000
2500	2500					
5000	5000					1500
1500	1500					
26500	1000		7200	18300		12000
						51000
3000	3000					
16000	14000		1000	1000		
2803	2803					
6000	6000					
2000	2000					
2000	2000					
105000	105000					

7-2 各地区草产品

地　区	牧区半牧区类别	企业名称	饲草种类
		甘州区安丰农机农民专业合作社	青贮玉米
		甘州区大漠飞歌农机农民专业合作社	青贮玉米
		皋兰原牧养殖专业合作社	紫花苜蓿
	半牧区	瓜州立林生态	紫花苜蓿
	半牧区	瓜州县济苜蓿	紫花苜蓿
	半牧区	瓜州县金绿苑	燕麦
			紫花苜蓿
	半牧区	瓜州县景绿林合作社	紫花苜蓿
	半牧区	瓜州县立林生态	燕麦
	半牧区	瓜州县良源	燕麦
			紫花苜蓿
	半牧区	瓜州县龙麒生物科技有限公司	紫花苜蓿
	半牧区	瓜州县西域牧歌	燕麦
			紫花苜蓿
	半牧区	瓜州县永禄牧草合作社	紫花苜蓿
	半牧区	瓜州县裕鑫草业	紫花苜蓿
		广河县瑞昊饲草种植农民专业合作社	青贮玉米
		广河县瑞腾牛羊饲养农民专业合作社	青贮玉米
		广河县瑞通饲草种植农民专业合作社	青贮玉米
		广河县万东牧业工贸有限公司	青贮玉米
		广河县伊泽苑牛羊养殖农民专业合作社	青贮玉米
		广河县亿丰养殖农民专业合作社	青贮玉米
		广河县榆杨牛羊养殖农民专业合作社	青贮玉米
		合水县陇东牧业有限公司	青贮玉米
	牧　区	合作市岗吉草产业加工农民专业合作社	燕麦
	牧　区	合作市恒达农产业农民专业合作社	燕麦
	牧　区	合作市绿源丰茂农产业农民专业合作社	燕麦
		宏盛养殖专业合作社	青贮玉米
			燕麦

加工企业生产情况（续）

单位：吨

干草生产量						青贮产品生产量
合计	草捆	草块	草颗粒	草粉	其他	
4					4	
28					28	
504	504					
3800	3800					
2800	2800					
110	110					
200	200					
300	300					
1000	1000					
350	350					
320	320					
2100	2100					
3500	3500					
3680	3680					
350	350					
680	680					
						21500
						9800
						33800
						10600
						23400
						15600
						21600
2690	70	120		2500		
1500	500		1000			
4400	1400		3000			
4000	2000		2000			
						2000
200	200					1000

7-2 各地区草产品

地　区	牧区半牧区类别	企业名称	饲草种类
		华岭公司	燕麦
		会宁县虎缘生态草业发展农民专业合作社	紫花苜蓿
		会宁县梅灵草粉加工专业合作社	紫花苜蓿
		会宁县农鑫牧草专业合作社	紫花苜蓿
		会宁县鑫丰草业专业合作社	紫花苜蓿
		会宁县中利草业农民专业合作社	大麦
	半牧区	金昌富惠捷种植农民专业合作社	紫花苜蓿
	半牧区	金昌三杰牧草有限公司	燕麦
	半牧区	金昌市禾盛茂牧业有限公司	紫花苜蓿
	半牧区	金昌市金方向草业有限责任公司	紫花苜蓿
		金昌市牧宝草业农民专业合作社	紫花苜蓿
	半牧区	金昌市新漠北养殖农民专业合作社	紫花苜蓿
	半牧区	金昌拓农农牧发展有限公司	紫花苜蓿
	半牧区	金昌天赐农业科技有限责任公司	紫花苜蓿
		金昌溪缪种植农民专业合作社	紫花苜蓿
		金塔县金牧草专业合作社	紫花苜蓿
		景泰雪莲牧草种植专业合作社	紫花苜蓿
	半牧区	靖远丰茂牧草种植农民专业合作社	紫花苜蓿
	半牧区	靖远阜丰牧草种植专业合作社	紫花苜蓿
	半牧区	靖远蓝天种植养殖农民专业合作社	紫花苜蓿
	半牧区	靖远民生高原养殖	紫花苜蓿
	半牧区	靖远万源牧草种植农民专业合作社	紫花苜蓿
	半牧区	靖远县东方龙元木草种植专业合作社	紫花苜蓿
	半牧区	靖远映军草产业农民专业合作社	紫花苜蓿
		酒泉大业草业有限公司	紫花苜蓿
		酒泉福坤饲草开发有限公司	青贮玉米
			紫花苜蓿
		酒泉兴科饲草专业合作社	紫花苜蓿
		康乐县春林养殖农民专业合作社	青贮玉米

加工企业生产情况（续）

单位：吨

干草生产量						青贮产品生产量
合计	草捆	草块	草颗粒	草粉	其他	
12000					12000	
300	300					300
1000	200			800		
700			400	300		
700	500		200			
2000	1000			1000		
2560	1760			800		
5894	5394		500			
2583	2583					
1492	1492					
3060	3060					
5893	5893					
2829	2829					
2480	2480					
3000	3000					
3	2		2			
2600	2600					
840	840					
960	960					
130			130			
86	86					
660	660					
1100	1100					
500	500					
13000	9000		4000			
						12000
4000	3000		1000			
5000	3000		2000			
711					711	

7-2 各地区草产品

地 区	牧区半牧区类别	企业名称	饲草种类
		康乐县福寿肉牛养殖农民专业合作社	青贮玉米
		康乐县富新中药材农民专业合作社	青贮玉米
		康乐县瓜梁海龙养殖农民专业合作社	青贮玉米
		康乐县惠众粮改饲农民专业合作社	青贮玉米
		康乐县金城农牧业有限公司	青贮玉米
		康乐县金龙养殖农民专业合作社	青贮玉米
		康乐县利军循环农牧产业农民专业合作社	青贮玉米
		康乐县明智养殖农民专业合作社	青贮玉米
		康乐县蒲家肉牛养殖有限责任公司	青贮玉米
		康乐县信康肉牛育肥有限责任公司	青贮玉米
		康乐县裕鑫养殖农民专业合作社	青贮玉米
		利华种植农民专业合作社	青贮玉米
		临洮汇聚种植农民专业合作社	燕麦
			青贮玉米
		临洮县恒泰养殖专业合作社	紫花苜蓿
			青贮玉米
		临洮县乾圆种植农民专业合作社	青贮玉米
		临洮县洮珠饲草料配送中心	青贮玉米
		临夏州厦临经济发展有限公司康乐分公司	青贮玉米
		临泽县恒泰农林牧有限公司	其他一年生饲草
		临泽县恒威农林牧科技有限公司	其他一年生饲草
		临泽县宏鑫饲草专业合作社	其他一年生饲草
		临泽县绿苑饲草专业合作社	紫花苜蓿
		临泽县欣海饲草专业合作社	紫花苜蓿
		临泽县泽牧饲草专业合作社	青贮玉米
		陇西县宏伟乡景坪村养殖农民专业合作社	青贮玉米
		鹿鹿山牧业	紫花苜蓿
	牧 区	碌曲县瑞丰饲草料加工基地	燕麦
		民乐县昌芳种植养殖专业合作社	紫花苜蓿

加工企业生产情况（续）

单位：吨

干草生产量						青贮产品生产量
合计	草捆	草块	草颗粒	草粉	其他	
2686					2686	
673					673	
1802					1802	
3000				3000		4000
7311				1000	6311	
41995				1000	40995	
2919					2919	
1700					1700	
3449				800	2649	
15507				3500	12007	
9152				1500	7652	
1					1	
1000	1000					3000
						2000
400	400					500
						2500
						5000
						55400
12550				5000	7550	
4500	4500					
3000				3000		
4500	4500					
3600	3600					
6500	6500					
						20000
21000	21000					
4000	4000					
800	100		700			
3000	3000					

7-2 各地区草产品

地 区	牧区半牧区类别	企业名称	饲草种类
		民乐县金叶种植专业合作社	紫花苜蓿
		民乐县茂益鑫种植专业合作社	紫花苜蓿
		民乐县神龙种植养殖专业合作社	紫花苜蓿
		民乐县希诺农牧业有限公司	紫花苜蓿
		民乐县展翔农产品种植专业合作社	紫花苜蓿
	半牧区	民勤县金鑫源草业有限责任公司	紫花苜蓿
	半牧区	民勤县勤旺农林牧专业合作社	紫花苜蓿
	半牧区	民勤县青土红崖生物科技有限公司	紫花苜蓿
	半牧区	民勤县天缘农林牧产销专业合作社	紫花苜蓿
	半牧区	民勤县欣海牧业专业合作社	紫花苜蓿
	半牧区	民勤县欣乡原农林牧产销专业合作社	紫花苜蓿
	半牧区	民勤县兴圣源农业发展有限公司	紫花苜蓿
	半牧区	民勤县钰翔农林牧产销专业合作社	紫花苜蓿
	半牧区	岷县方正草业发展有限责任公司	猫尾草
		宁县中泰种养殖农民专业合作社	紫花苜蓿
		清水县陇塬种养农民专业和作社	青贮玉米
		清水县绿牧农民专业合作社	紫花苜蓿
			青贮玉米
		清水县民丰草业	青贮玉米
		庆阳宸庆草业有限公司	紫花苜蓿
		庆阳市西部情草业有限公司	紫花苜蓿
		庆阳天绿玉米秸秆青贮养畜专业合作社	青贮玉米
		三合草业有限公司	紫花苜蓿
	半牧区	山丹县昌隆农机专业合作社	紫花苜蓿
			燕麦
	半牧区	山丹县丰实农业科技发展有限公司	燕麦
			紫花苜蓿
	半牧区	山丹县国坚家庭农场	燕麦
	半牧区	山丹县华玮种植专业合作社	燕麦

加工企业生产情况（续）

单位：吨

干草生产量						青贮产品生产量
合计	草捆	草块	草颗粒	草粉	其他	
2400	2400					
2400	2400					
5000	5000					
12400	2400		10000			
2400	2400					
7500	7500					
3500	3500					
4800	4800					
6000	6000					
5000	5000					
1200	1200					
1000	1000					
1000	1000					
11490	11490					
8000	8000					2000
						3270
9900	9900					
						14650
						20000
5000	5000					6000
1020	816		204			
8500	8500					
3000	3000					
1073	1073					
360	360					
8000	8000					
3700	3700					
2800	2800					
3000	3000					

7-2 各地区草产品

地　区	牧区半牧区类别	企业名称	饲草种类
	半牧区	山丹县佳牧农牧机械化专业合作社	燕麦
	半牧区	山丹县嘉牧禾草业有限公司	燕麦
	半牧区	山丹县九盛农牧专业合作社	燕麦
	半牧区	山丹县聚金源农牧有限公司	燕麦
	半牧区	山丹县绿盛金旺农牧业科技发展有限公司	燕麦
	半牧区	山丹县美佳牧草家庭农场	燕麦
	半牧区	山丹县祁连山牧草机械专业合作社	燕麦
			紫花苜蓿
	半牧区	山丹县庆丰收家庭农场	燕麦
			紫花苜蓿
	半牧区	山丹县瑞禾草业有限公司	燕麦
	半牧区	山丹县瑞虎农牧专业合作社	燕麦
	半牧区	山丹县润牧饲草发展有限麦任公司	燕麦
			紫花苜蓿
	半牧区	山丹县天马正时生态农牧专业合作社	燕麦
	半牧区	山丹县天泽农牧科技发展有限责任公司	燕麦
			紫花苜蓿
	半牧区	山丹县雨田农牧有限公司	燕麦
	半牧区	山丹县钰铭家庭农场	燕麦
	半牧区	山丹县云丰农牧专业合作社	燕麦
	牧　区	肃南县尧熬尔畜牧农民专业合作社	紫花苜蓿
	牧　区	肃南县裕盛草产品加工企业	紫花苜蓿
	牧　区	肃南县振兴农机合作社	紫花苜蓿
	半牧区	天晟农牧科技发展有限公司	紫花苜蓿
	牧　区	天祥草产品合作社	紫花苜蓿
		天耀草业	紫花苜蓿
	牧　区	天祝晟达草业有限公司	小黑麦
			燕麦
		渭源县国英特色畜牧业有限公司	青贮玉米

加工企业生产情况（续）

单位：吨

干草生产量						青贮产品生产量
合计	草捆	草块	草颗粒	草粉	其他	
1100	1100					
7600	1800	5000		800		5000
14000	14000					
8300	8300					
1000	1000					
1000	1000					
7000	7000					
200	200					
1200	1200					
500	500					
900	900					
1700	1700					
8000			8000			
6000			6000			
1000	1000					
4300	4300					
2500	2500					
14000	14000					
3200	3200					
1400	1400					
1000		1000				
4900		4900				
1000	1000					
3650	3650					
35050	50	35000				
17000		10000	5000	2000		
715	65		650			
207	62		145			
						3500

7-2 各地区草产品

地　区	牧区半牧区类别	企业名称	饲草种类
		渭源县渭宝草业开发有限公司	紫花苜蓿
		武威天牧草业发展有限公司	紫花苜蓿
	半牧区	欣海草业公司	紫花苜蓿
		新益民饲草料配送点	青贮玉米
	半牧区	星海养殖合作社	紫花苜蓿
		亚盛实业（集团）股份有限公司饮马分公司	紫花苜蓿
	半牧区	永昌宝光农业科技发展有限公司	紫花苜蓿
	半牧区	永昌露源农牧科技有限公司	紫花苜蓿
	半牧区	永昌牧羊农牧业发展有限公司	紫花苜蓿
	半牧区	永昌润鸿草业公司	紫花苜蓿
	半牧区	永昌圣基中药材种植专业合作社	紫花苜蓿
	半牧区	永昌县聚吉兴农牧农民专业合作社	燕麦
	半牧区	永昌县康田农牧农民专业合作社	紫花苜蓿
	半牧区	永昌县绿海农产品种植农民专业合作社	紫花苜蓿
	半牧区	永昌县沁纯草业有限公司	紫花苜蓿
	半牧区	永昌县庆源丰高效节水农业开发有限责任公司	紫花苜蓿
	半牧区	永昌县盛鑫种植农民专业合作社	紫花苜蓿
	半牧区	永昌县天牧源草业有限公司	紫花苜蓿
	半牧区	永昌县永生源农民种植合作社	紫花苜蓿
	半牧区	永昌县珠海草业科技有限公司	紫花苜蓿
		榆中鑫鹏牧草种植有限公司	紫花苜蓿
			燕麦
			其他一年生饲草
		玉门大业草业科技发展有限公司	紫花苜蓿
		玉门丰花有限公司	紫花苜蓿
		玉门康地牧业有限公司	紫花苜蓿
		玉门市佰基农业科技有限公司	燕麦
		玉门市至诚三和饲草技术开发有限公司	紫花苜蓿

加工企业生产情况（续）

单位：吨

干草生产量						青贮产品生产量
合计	草捆	草块	草颗粒	草粉	其他	
5000	3300		500	1200		
15800	800		15000			
2926	2926					
						16000
3080	3080					
22000	22000					
20000	20000					
7426	7426					
2678	2678					
3078	3078					
2720	2720					
2200	2200					
8772	8772					
871	871					
3200	3200					11000
2788	2788					
1530	1530					
3219	3219					
2560	2560					
3360	3360					
1600	1600					
1800	1800					
300	300					
18000	12000		6000			
5000	5000					
500	500					
3000	3000					
30000	30000					

7-2　各地区草产品

地　区	牧区半牧区类别	企业名称	饲草种类
		玉门油田农牧公司	紫花苜蓿
		张掖大业草畜产业发展有限公司	紫花苜蓿
		张掖市甘州区茂源种植农民专业合作社	青贮玉米
		张掖市甘州区郑东农机农民专业合作社	青贮玉米
		张掖市恒源农业发展有限公司	青贮玉米
		张掖市天源新能源科技有限公司	其他一年生饲草
		张掖市垚鑫种植农民专业合作社	青贮玉米
	牧　区	张掖众城草业有限公司	紫花苜蓿
	半牧区	漳县大草滩红丰青贮有限责任公司	燕麦
	半牧区	漳县天康青贮草业有限责任公司	紫花苜蓿
		镇原县丰源欣草业专业合作社	紫花苜蓿
		镇原县华德紫花苜蓿草籽种植专业合作社	紫花苜蓿
		镇原县稼丰种植专业合作社	紫花苜蓿
		智荣农牧家庭农场	青贮玉米
		众业玉米秸秆饲草料配送有限公司	青贮玉米
		庄浪县绿亨草业有限责任公司	青贮玉米
		庄浪县瑞昶饲草加工有限责任公司	紫花苜蓿
		庄浪县杨河乡引兰苜蓿草料加工厂	紫花苜蓿
		壮壮草业	青贮玉米
青海 **（49 家）**			
		湟中满盛种养殖专业合作社	燕麦
		大通县缘祥草业有限公司	青贮玉米
		共和镇北村生福家庭农牧场	燕麦
		共和镇尕庄启忠家庭农场	燕麦
		海东市乐都区润田饲料厂	燕麦
		互助佳华生态牧草种植农民专业合作社	燕麦
		互助文康家畜养殖农民专业合作社	燕麦
		化隆县香拉种植专业合作社	燕麦

加工企业生产情况（续）

单位：吨

干草生产量						青贮产品生产量
合计	草捆	草块	草颗粒	草粉	其他	
372	372					
2	2					
7					7	
8					8	
2					2	
10800		10800				
2					2	
5000	5000					
100	100					50
10030	30				10000	40
4105	4105					
3048	2743		305			
2280	2280					
3					3	
100001	100000	1				100000
2900	2900					
4500		4500				
1500		1500				
						6000
45882	**33769**	**7505**	**4508**		**100**	**123166**
600	600					
						9000
600	600					
900	900					
7302		7302				7302
						5000
						10000
						1800

7-2 各地区草产品

地 区	牧区半牧区类别	企业名称	饲草种类
		湟中才德种养殖专业合作社	燕麦
		湟中得利家庭农场	燕麦
		湟中发兴家庭农场	燕麦
		湟中锋锋种养殖专业合作社	燕麦
		湟中好佳佳种植有限公司	燕麦
		湟中洪林生猪养殖专业合作社	燕麦
		湟中寇福家庭农场	燕麦
		湟中磊盛种养殖专业合作社	燕麦
		湟中明强种养殖专业合作社	燕麦
		湟中纳木海种养殖专业合作社	燕麦
		湟中生刚种养殖专业合作社	燕麦
		湟中县宏达种养殖专业合作社	燕麦
		湟中县润农马铃薯种植专业合作社	燕麦
		湟中县伟祖农机服务专业合作社	燕麦
		湟中县裕丰农产品营销专业合作社	燕麦
		湟中谢家台种养殖专业合作社	燕麦
		湟中兴盛农副产品营销专业合作社	燕麦
		湟中兄弟马铃薯种植专业合作社	燕麦
		湟中旭泰种养殖专业合作社	燕麦
		湟中玉录牛羊养殖专业合作社	燕麦
		湟中正义种养殖专业合作社	燕麦
		湟中志宏养殖专业合作社	燕麦
		湟中中兴农机服务专业合作社	燕麦
		湟中忠来种植专业合作社	燕麦
		湟中众联种植专业合作社	燕麦
		乐都区大玉种植专业合作社	燕麦
		乐都区益生牧草种植专业合作社	燕麦
	牧 区	鲁援生态饲料有限公司	燕麦
	半牧区	门源马场	披碱草

加工企业生产情况（续）

单位：吨

干草生产量						青贮产品生产量
合计	草捆	草块	草颗粒	草粉	其他	
720	720					
480	480					
600	600					
600	600					
540	540					
1200	1200					
900	900					
1200	1200					
540	540					
480	480					
600	600					
540	540					
1500	1500					
960	960					
480	480					
360	360					
1500	1500					
2100	2100					
1500	1500					
960	960					
600	600					
1080	1080					
840	840					
720	720					
900	900					
						1927
						2877
2301			2201		100	
1043	1043					

7-2 各地区草产品

地　区	牧区半牧区类别	企业名称	饲草种类
	半牧区	门源县富源青高原草业公司	燕麦
	半牧区	门源县麻莲草业有限公司	燕麦
		民和绿宝饲草科技有限公司	青贮玉米
		青海海通农机种植服务专业合作社	燕麦
		青海凯瑞生态科技有限公司	青贮玉米
			燕麦
		青海鲁青饲料科技有限公司	青贮玉米
	牧　区	青海省现代草业有限公司	燕麦
	牧　区	青海现代草业发展有限公司	披碱草
	牧　区	天峻县草原工作站	燕麦
		田家寨玉财家庭农场	燕麦
		西宁富农草业生物开发有限公司	燕麦
	牧　区	英德尔种羊公司	紫花苜蓿
宁夏（81家）		大武口区金利家庭农场	黑麦
		固原市原州区禾丰农牧技术推广专业合作社	紫花苜蓿
		固原市原州区红录种植农民专业合作社	紫花苜蓿
		固原市原州区军霞种植专业合作社	紫花苜蓿
		固原市原州区头营镇幸福家庭农场	紫花苜蓿
		固原原州区金惠饲草产销专业合作社	紫花苜蓿
	半牧区	海原县丰润苑养殖专业合作社	紫花苜蓿
	半牧区	海原县亘牛农牧专业合作社	苏丹草
	半牧区	海原县培福农牧业机械化服务有限公司	紫花苜蓿
	半牧区	海原县魏林种养殖专业合作社	紫花苜蓿
	半牧区	海原县兴农种养殖专业合作社	紫花苜蓿
	半牧区	海原县应川种养殖专业合作社	燕麦
	半牧区	海原县宗华农业合作社	燕麦
		贺兰县红日农机服务专业有限公司	黑麦

加工企业生产情况（续）

单位：吨

干草生产量						青贮产品生产量
合计	草捆	草块	草颗粒	草粉	其他	
						10000
350	350					17000
						6000
1200	1200					
						13000
900	900					8000
2000			2000			
86	76	3	7			260
2850	2350	200	300			
570	570					
480	480					
400	400					31000
2400	2400					
226048	**121036**	**51**	**43521**	**13581**	**47859**	**375736**
450	450					
600	600					300
130	130					550
1500	1500					
1000	1000					48
780	780					560
2640					2640	
8517					8517	
4412					4412	
6923					6923	
1400					1400	
860					860	
8338					8338	
170	170					

7-2 各地区草产品

地　区	牧区半牧区类别	企业名称	饲草种类
		贺兰县精品稻麦产销专业合作社	黑麦
		贺兰县立岗镇义兴家庭农场	黑麦
		贺兰县暖泉新盛源草业有限公司	紫花苜蓿
		贺兰县四海综贸有限公司	黑麦
		贺兰县五星养殖场	黑麦
		贺兰中地生态牧场有限公司	紫花苜蓿
		恒通草畜产业合作社	紫花苜蓿
		乐耕养殖专业合作社	紫花苜蓿
		灵武市同心农业综合开发有限公司	紫花苜蓿
		灵武市兴欣饲草有限公司	紫花苜蓿
			其他多年生饲草
			柠条
		隆德县德野草业科技有限公司	紫花苜蓿
		隆德县金杉种养殖专业合作社	紫花苜蓿
		隆德县牧丰草业专业合作社	紫花苜蓿
		隆德县腾发牧草专业合作社	紫花苜蓿
		隆德县正荣种养殖业专业合作社	紫花苜蓿
		宁夏昌达牧草业有限公司	紫花苜蓿
		宁夏大田新天地牧业有限公司	青贮玉米
	牧　区	宁夏丰池农牧有限公司	紫花苜蓿
		宁夏丰德农林牧开发有限公司	紫花苜蓿
	牧　区	宁夏丰田农牧有限公司	紫花苜蓿
		宁夏凤氏农业专业合作社	紫花苜蓿
		宁夏红苹果园专业合作社	黑麦
		宁夏荟峰农副产品有限公司	紫花苜蓿
		宁夏金苗农产品专业合作社	紫花苜蓿
	牧　区	宁夏金润泽生态草产业有限公司	紫花苜蓿
	半牧区	宁夏锦彩生态专业合作社	苏丹草
		宁夏蕾牧高科农业发展有限公司	紫花苜蓿

加工企业生产情况（续）

单位：吨

干草生产量						青贮产品生产量
合计	草捆	草块	草颗粒	草粉	其他	
240	240					
160	160					
5122	5122					
200	200					
200	200					
16000	16000					42152
860	860					
2700	2700					
2000	2000					8000
10500			10500			
7500			7500			
3000			3000			
1700	600			1100		
120	120					3000
650	650					350
2550	350			2200		4000
50	50					2800
300	300					
140	50	50	20	20		50000
600	600					
1500	1500					
1500	1500					
720	720					
520	520					
7000	3500		1500	2000		10000
800	800					
400	400					
5068					5068	
300	300					

7-2 各地区草产品

地　区	牧区半牧区类别	企业名称	饲草种类
		宁夏隆恩农牧有限公司	紫花苜蓿
		宁夏农垦贺兰山农牧场（有限公司）	紫花苜蓿
		宁夏农垦茂盛草业有限公司	紫花苜蓿
		宁夏农垦平吉堡生态庄园有限公司	紫花苜蓿
		宁夏千叶青农业科技发展有限公司	紫花苜蓿
		宁夏千种栗牧业有限公司	青贮玉米
		宁夏渠口农场有限公司	紫花苜蓿
	半牧区	宁夏荣华生物质新材料科技有限公司农业机械化作业服务分公司	紫花苜蓿
		宁夏丝路希望农业科技有限公司	紫花苜蓿
		宁夏四丰万亩绿园家庭农场	紫花苜蓿
			青贮玉米
		宁夏西江农业机械作业有限公司	紫花苜蓿
		宁夏祥达种植专业合作社	黑麦
		宁夏向丰家庭农场	青贮玉米
	牧　区	宁夏紫花天地农业有限公司	紫花苜蓿
		彭阳县宝发牧草种植合作社	紫花苜蓿
		彭阳县国银林草加工合作社	紫花苜蓿
		彭阳县荣发农牧有限责任公司	紫花苜蓿
		彭阳县占福草业购销专业合作社	紫花苜蓿
		平吉堡农场有限公司	紫花苜蓿
		平罗县成昊家庭农场	紫花苜蓿
		平罗县东升农林开发有限公司	紫花苜蓿
		平罗县明鹏园农业发展专业合作社	紫花苜蓿
		平罗县陶乐天源復藏农业开发有限公司	紫花苜蓿
		平罗县永和奶牛养殖专业合作社	紫花苜蓿
		平罗县玉杰农业种植专业合作社	紫花苜蓿
	半牧区	同心县德友苜蓿种植专业合作社	紫花苜蓿
	半牧区	同心县惠雯种植专业合作社	紫花苜蓿

加工企业生产情况（续）

单位：吨

干草生产量						青贮产品生产量
合计	草捆	草块	草颗粒	草粉	其他	
6000	6000					8000
4896	4896					
8867	8867					47618
598	598					
7000	7000					5957
						7000
5040	5040					
4000					4000	
2050	2050					
1900	1700				200	
						5200
1200	1200					
400	400					
						9000
1000	1000					
21900	8200		12500	1200		
1800	1000			800		
14500			8500	6000		
2200	2200					
3200	3200					136500
500	500					
500	500					
800	800					
3000	3000					
200	200					
1000	1000					
880					880	
1320					1320	

7-2　各地区草产品

地　区	牧区半牧区类别	企业名称	饲草种类
	半牧区	同心县荣振养殖专业合作社	青贮玉米
	半牧区	同心县义刚养殖专业合作社	紫花苜蓿
		文山生态养殖专业合作社	紫花苜蓿
		西吉县天源牧草种植专业合作社	紫花苜蓿
		熙鹿苑养殖专业合作社	紫花苜蓿
	牧　区	盐池县巨峰农业有限公司	燕麦
			紫花苜蓿
	牧　区	盐池县绿海苜蓿产业发展有限公司	紫花苜蓿
		永双舍饲养殖与草畜种植专业合作社	紫花苜蓿
		原州区俊宏养牛专业合作社	紫花苜蓿
			青贮玉米
	牧　区	中德海（宁夏）农牧有限公司	紫花苜蓿
		中宁县自超奶牛养殖专业合作社	紫花苜蓿
	半牧区	中沙绿城集团	青贮玉米
		中卫市铁牛农机作业服务有限公司	紫花苜蓿
新　疆（5家）	牧　区	哈巴河县顺利开发有限公司	其他多年生饲草
		呼图壁县同发饲草料农牧专业合作社	青贮玉米
	牧　区	老农民合作社	紫花苜蓿
	牧　区	青河县牧羊草业限公司	紫花苜蓿
	半牧区	塔城地区三农农牧有限公司	紫花苜蓿
新疆兵团（2家）		新疆双河市牧丰草业加工合作社	紫花苜蓿
		一〇四团农业发展服务中心	燕麦
黑龙江农垦（3家）		黑龙江农垦东兴草业有限公司	紫花苜蓿
		黑龙江农垦宏鹿牧草批发有限公司	青贮玉米
		黑龙江农垦嫩蒙牧草种植有限公司	紫花苜蓿

加工企业生产情况（续）

单位：吨

干草生产量						青贮产品生产量
合计	草捆	草块	草颗粒	草粉	其他	
1350					1350	
1650					1650	
2700	2700					
4560	4300			260		
1800	1500				300	
143	143					
662	662					
1800	1800					
2000	2000					
30	30					2700
						2000
900	900					
1408	1408					
						30000
2170	2170					
79052	**58900**		**10151**		**10001**	**105160**
10450	300		150		10000	100
						105060
800	800					
60000	50000		10000			
7802	7800		1		1	
5090	**90**		**5000**			
5000			5000			
90	90					
1040	**220**			**820**		**5021**
						3787
						1234
1040	220			820		

附　　录

一、草业统计主要指标解释

（一）天然饲草生产利用情况

1．累计承包面积：明确了承包经营权，用于畜牧业生产的天然草地面积。形式包括承包到户、承包到联户和其他承包形式，三者之间没有包含关系。单位，万亩，最多3位小数。

2．禁牧休牧轮牧面积：禁牧面积、休牧面积、轮牧面积之和，三者之间没有包含关系。禁牧是指对生存环境恶劣、退化严重、不宜放牧以及位于大江大河水源涵养区的草原，实行禁牧封育的面积。休牧是对禁牧区域以外的可利用草原实施季节性放牧的面积。轮牧是对禁牧区域以外的可利用草原实施划区轮牧的面积。单位，万亩，最多3位小数。

3．天然草地越冬干草贮草总量：在天然草地上生产，为牲畜越冬而储备的各类青干草数量，不包括已经饲喂或使用的数量。单位，万吨，计干重，最多3位小数，牧区半牧区县填报。

4．天然草地越冬鲜草贮草总量：在天然草地上生产，为牲畜越冬而储备的各类鲜草青贮数量，不包括已经饲喂或使用的数量。单位，万吨，计干重，最多3位小数，牧区半牧区县填报。

5．累计有效打井数：截至统计年末，所有可用于灌溉草地的有效打井数量。已经报废或不能发挥灌溉作用的不作统计。单位，口，取整数，牧区半牧区县填报。

6．当年有效打井数：当年打挖的用于灌溉草地的有效打井数量。单位，口，取整数，牧区半牧区县填报。

7．井灌面积：有效井灌溉、生产饲草的天然草地面积。单位，万亩，最多3位小数，牧区半牧区县填报。

8．草场灌溉面积：当年对生产饲草的草场进行灌溉的面积。多次灌溉不重复计算面积。单位，万亩，最多3位小数，牧区半牧区县填报。

9．定居点牲畜棚圈面积：在牧民定居点专门建设的用于牲畜生产生活的棚圈面积，不含牧民自筹资金建设面积。单位，平方米，取整数，牧区半牧区县填报。

10．贮草情况：主要指农牧民饲养牲畜越冬，贮备饲草量（干重）和青贮量。

11．放牧天数：主要指牲畜在天然草原上放牧的天数。

（二）多年生饲草生产情况

1．饲草种类：指苜蓿、燕麦、全株青贮玉米、黑麦草等优质饲草，在填报系统中分种类选择，分别填报。

2．人工种草当年新增面积：当年经过翻耕、播种，人工种植饲草（草本、半灌木和灌木）的面积，不包括压肥面积。同一地块上多次播种同种多年生种类，面积不重复计算。多种类饲草混播，按照一种主要饲草种类统计。单位，万亩，最多3位小数。

3．当年耕地种草面积：当年在农耕地上种植饲草的面积。包含农闲田种草面积。单位，万亩，最多3位小数。

4．农闲田种草面积：在可以种植而未种植农作物的短期闲置农耕地（农闲田）种植饲草的面积，包括冬闲田种草面积、夏秋闲田种草面积、果园隙地种草面积、四边地种草面积和其他类型种草面积，相互之间没有包含关系。单位，万亩，最多3位小数。

5．冬闲田种草面积：利用冬季至春末闲置的农耕地种植饲草，并能够达到牧草成熟或适合收割用作牲畜饲草的面积。做绿肥的不做统计。单位，万亩，最多3位小数。

6．夏秋闲田种草面积：利用夏季至秋末闲置的农耕地种植饲草用作牲畜饲用的面积。做绿肥的不做统计。单位，万亩，最多3位小数。

7．四边地种草面积：利用村边、渠边、路边、沟边的空隙地种植饲草用作牲畜饲用草的面积。所种饲草不用做牲畜饲用草的不做统计。单位，万亩，最多3位小数。

8．其他类型种草面积：除冬闲田、夏秋闲田、果园隙地和四边地以外的农闲田种植饲草用作牲畜饲用的面积。所种饲草不用做牲畜饲用的不做统计。单位，万亩，最多3位小数。

9. 人工种草保留面积：经过人工种草措施后进行生产的面积，包含往年种植且在当年生产的面积和当年新增人工种草的面积。多种类饲草混合播种，按一种主要饲草种类统计。单位，万亩，最多3位小数。

10. 人工种草单产：种草保留面积上单位面积干草产量。保留面积如有数值，单产为必填项。单位，千克/亩，取整数，计干重。

11. 鲜草实际青贮量：当年实际青贮的鲜草数量。单位，吨，取整数。

12. 灌溉比例：实际进行灌溉的面积比例，不论灌溉次数。单位，%，取整数。

（三）一年生饲草生产情况

1. 饲草类别包括一年生、越年生和饲用作物。饲用作物是指以生产青资料为目的，不用于生产籽实的作物。

2. 当年种草面积：当年种植且在当年进行生产的面积，做绿肥的面积不做统计。同一地块不同季节种植不同饲草，分别按照饲草种类统计面积。同一地块多次重复种植饲草面积不累计。多种类饲草混合播种，按一种主要饲草种类统计。单位，万亩，最多3位小数。

3. 单位面积产量：单位面积干草产量。饲用作物折合干重。单位，千克/亩，取整数，计干重。

4. 收贮面积：指作为全株青贮玉米收贮的玉米种植面积。

5. 收贮量：指全株刈割用于青贮的全株玉米收贮量。

（四）饲草种子生产情况

1. 饲草种子田面积：人工建植的专门用于生产饲草种子的面积，不含“天然草场采种”面积。单位，万亩，最多3位小数。

2. 单位面积产量：单位面积种子产量。单位，千克/亩，取整数。

3．草场采种量：在天然或改良草地采集的多年生饲草种子量，不统计面积和单位面积产量。单位，吨，最多3位小数。

4．饲草种子销售量：当年销售的饲草种子数量。外购进来再次销售的数据不做统计。单位，吨，最多3位小数。

（五）商品草生产情况

1．生产面积：专门用于生产以市场流通交易为目的的商品饲草种植面积。单位，万亩，最多3位小数。

2．商品干草总产量：实际生产能够进行流通交易的商品干草数量。单位，吨，最多1位小数。

3．商品干草销售量：实际销售的商品干草数量。单位，吨，最多1位小数。

4．鲜草实际青贮量：实际青贮能够进行流通交易的商品鲜草数量。单位，吨，取整数，不折合干重。

5．青贮销售量：实际销售的青贮产品数量。单位，吨，取整数，不折合干重。

（六）草产品企业生产情况

1．企业名称：包含草产品生产加工公司、合作社、厂（场）等。填写全称。

2．干草实际生产量：实际生产的干草产品数量。包括草捆产量、草块产量、草颗粒产量、草粉产量和其他产量。单位，吨，最多1位小数。

3．青贮产品生产量：实际青贮的鲜草数量。单位，吨，最多1位小数。

4．饲草种子生产量：实际生产的饲草种子干重，不论是否销售或自用。单位，吨，最多1位小数。

二、全国268个牧区半牧区县名录

省份	数量	地（州、市）名称	牧区县		半牧区县	
			数量	县（旗、市、区）名称	数量	县（旗、市、区）名称
合计	**64**		**108**		**160**	
内蒙古	10	包头市	1	达茂		
		赤峰市	2	阿鲁科尔沁、巴林右	5	巴林左、翁牛特、克什克腾、林西、敖汉
		通辽市			6	科尔沁左翼中、科尔沁左翼后、扎鲁特、开鲁、奈曼、库伦
		鄂尔多斯市	4	鄂托克、乌审、杭锦、鄂托克前	4	东胜、准格尔、达拉特、伊金霍洛
		呼伦贝尔市	4	新巴尔虎右、新巴尔虎左、陈巴尔虎、鄂温克	3	阿荣、莫力达瓦、扎兰屯
		巴彦淖尔市	2	乌拉特中、乌拉特后	2	乌拉特前、磴口
		乌兰察布市			3	察右中、察右后、四子王
		兴安盟			4	科尔沁右翼中、科尔沁右翼前、突泉、扎赉特
		锡林郭勒盟	9	阿巴嘎、锡林浩特、苏尼特左、苏尼特右、镶黄、正镶白、正蓝、东乌珠穆沁、西乌珠穆沁	1	太仆寺
		阿拉善盟	3	阿拉善左、阿拉善右、额济纳		
四川	3	阿坝州	4	阿坝、若尔盖、红原、壤塘	9	马尔康、黑水、九寨沟、茂县、汶川、理县、小金、金川、松潘
		甘孜州	9	石渠、色达、德格、白玉、甘孜、炉霍、道孚、稻城、理塘	9	康定、新龙、泸定、丹巴、九龙、雅江、乡城、巴塘、得荣
		凉山州	2	昭觉、普格	15	盐源、木里、西昌、德昌、会理、冕宁、越西、雷波、喜德、甘洛、布拖、金阳、美姑、宁南、会东

（续）

省份	数量	地（州、市）名称	牧区县		半牧区县	
			数量	县（旗、市、区）名称	数量	县（旗、市、区）名称
西藏	7	拉萨市	1	当雄	1	林周
		昌都地区			7	昌都、江达、贡觉、类乌齐、丁青、察雅、八宿
		山南地区			4	曲松、措美、错那、浪卡子
		日喀则地区	2	仲巴、萨嘎	5	谢通门、康马、亚东、昂仁、岗巴
		那曲地区	8	那曲、嘉黎、聂荣、安多、申扎、班戈、巴青、尼玛	2	比如、索县
		阿里地区	3	革吉、改则、措勤	4	普兰、札达、噶尔、日土
		林芝地区			1	工布江达
甘肃	9	兰州市			1	永登
		金昌市			1	永昌
		白银市			1	靖远
		武威市	1	天祝	1	民勤
		张掖市	1	肃南	1	山丹
		酒泉市	2	肃北、阿克塞	1	瓜州
		庆阳市			2	环县、华池
		定西市			2	漳县、岷县
		甘南州	4	玛曲、碌曲、夏河、合作	2	卓尼、迭部
青海	6	海北州	3	海晏、刚察、祁连	1	门源
		黄南州	2	泽库、河南	2	尖扎、同仁
		海南州	4	共和、同德、兴海、贵南	1	贵德
		果洛州	6	班玛、久治、玛沁、甘德、达日、玛多		
		玉树州	6	玉树、称多、杂多、治多、曲麻莱、囊谦		
		海西州	5	天峻、乌兰、都兰、格尔木、德令哈		

（续）

省份	数量	地（州、市）名称	牧区县 数量	牧区县 县（旗、市、区）名称	半牧区县 数量	半牧区县 县（旗、市、区）名称
新疆	12	乌鲁木齐市			1	乌鲁木齐
		哈密地区			3	哈密、巴里坤、伊吾
		昌吉州	1	木垒	1	奇台
		博尔塔拉州	1	温泉	2	博乐、精河
		巴音郭楞州			4	尉犁、和静、和硕、且末
		阿克苏地区			2	温宿、沙雅
		克孜勒苏柯尔克孜州	2	阿合奇、乌恰	1	阿克陶
		喀什地区	1	塔什库尔干		
		和田地区			1	民丰
		伊犁州	3	新源、昭苏、特克斯	2	尼勒克、巩留
		塔城地区	3	托里、裕民、和布克赛尔	2	塔城、额敏
		阿勒泰地区	7	阿勒泰、布尔津、哈巴河、富蕴、青河、福海、吉木乃		
云南	1	迪庆州			3	德钦、维西、香格里拉
宁夏	2	吴忠市	1	盐池	1	同心
		中卫市			1	海原
河北	2	张家口市			4	沽源、张北、康保、尚义
		承德市			2	围场、丰宁
山西	1	朔州市			1	右玉
辽宁	3	沈阳市			1	康平
		阜新市			2	彰武、阜新
		朝阳市			3	北票、建平、喀喇沁左翼

（续）

省份	数量	地（州、市）名称	牧区县		半牧区县	
			数量	县（旗、市、区）名称	数量	县（旗、市、区）名称
吉林	3	四平市			1	双辽
		松原市			3	前郭尔罗斯、乾安、长岭
		白城市			4	镇赉、大安、洮南、通榆
黑龙江	5	齐齐哈尔市			4	龙江、甘南、富裕、泰来
		鸡西市			1	虎林
		大庆市	1	杜尔伯特	3	肇源、肇州、林甸
		佳木斯市			1	同江
		绥化市			5	兰西、肇东、青冈、明水、安达

注：在原有的 264 个牧区半牧区县的基础上新增加云南省的德钦、维西、香格里拉县和西藏自治区的尼玛县；其中，尼玛县纳入牧区县范围，德钦、维西、香格里拉县纳入半牧区县范围；甘肃省安西县更名为瓜州县。

三、附 图

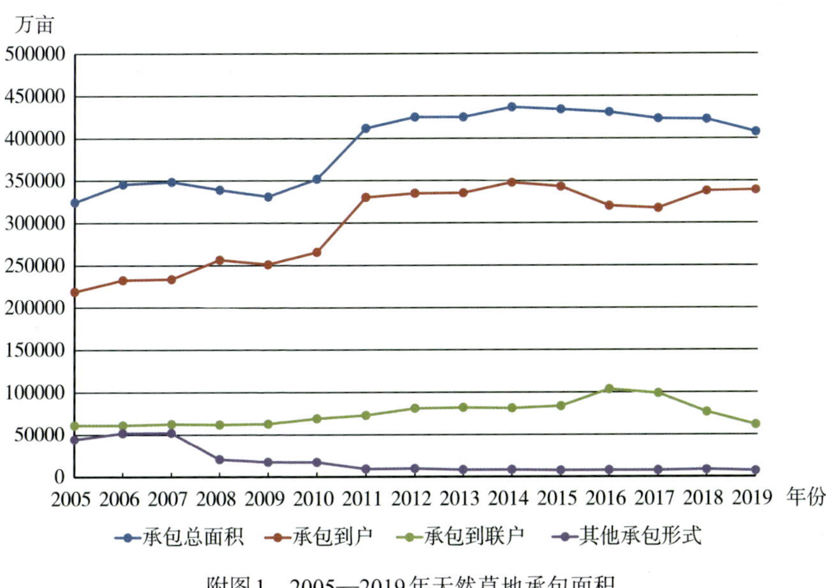

附图1 2005—2019年天然草地承包面积

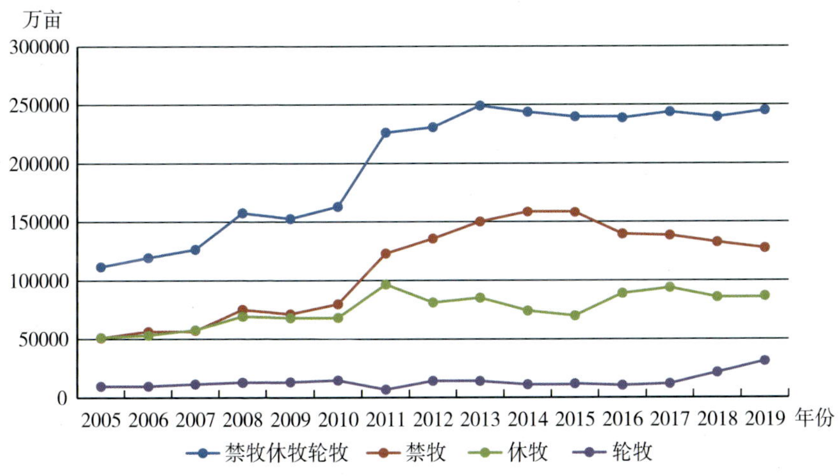

附图2 2005—2019年天然草地禁牧休牧轮牧面积

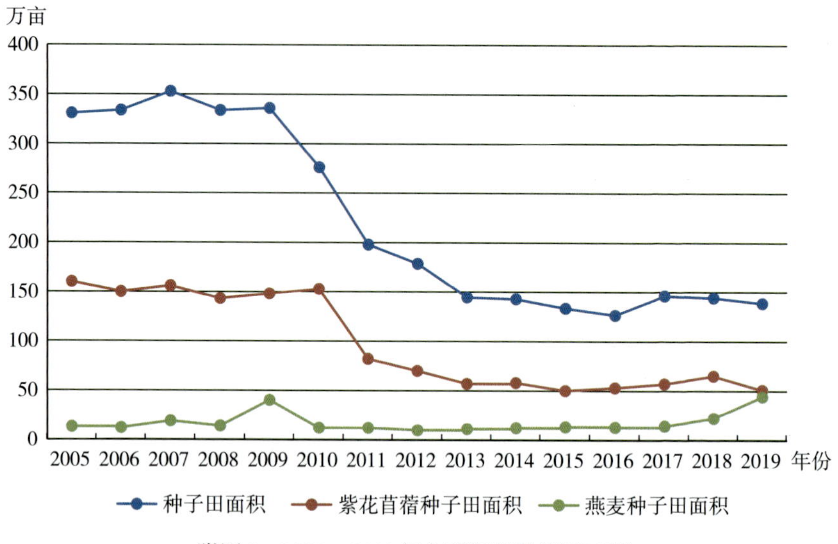

附图3 2005—2019年主要饲草种子田面积

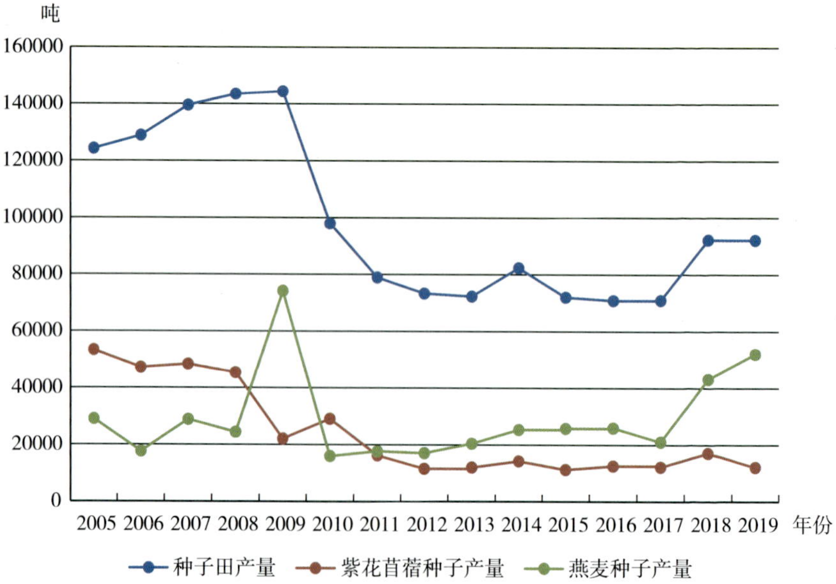

吨
160000
140000
120000
100000
80000
60000
40000
20000
0
2005 2006 2007 2008 2009 2010 2011 2012 2013 2014 2015 2016 2017 2018 2019 年份
种子田产量
紫花苜蓿种子产量
燕麦种子产量

附图4 2005—2019年主要饲草种子产量

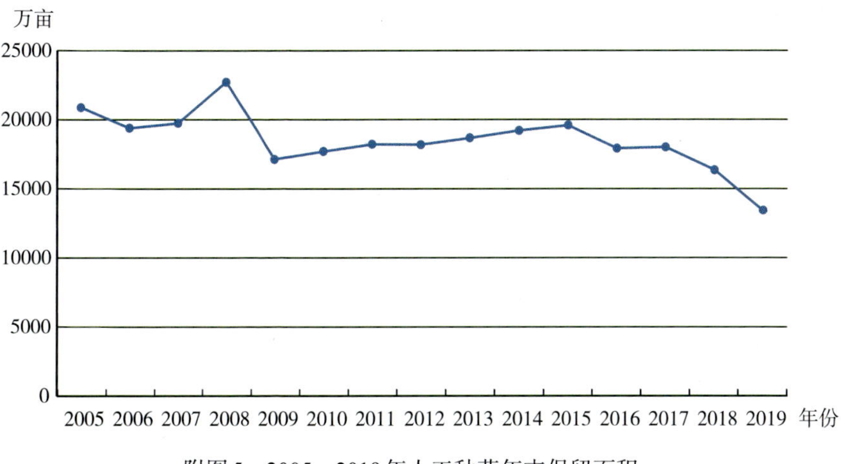

附图5　2005—2019年人工种草年末保留面积

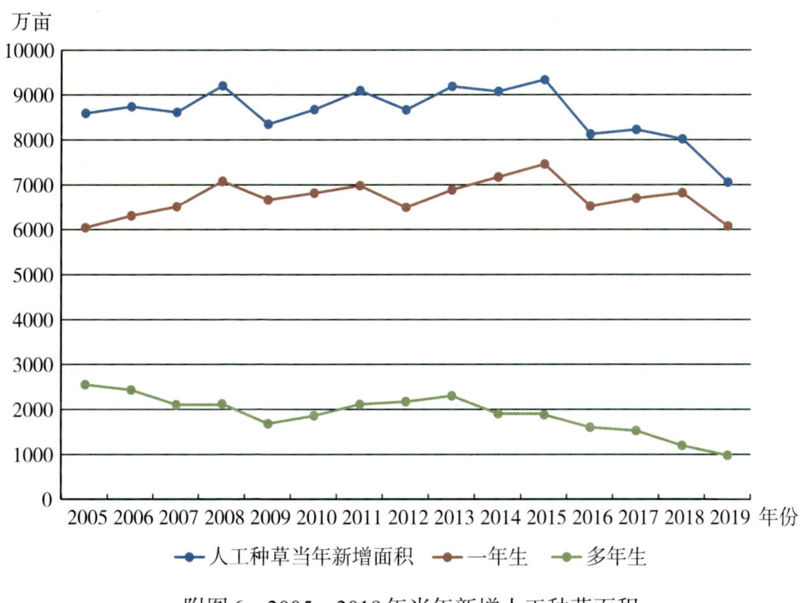

附图6　2005—2019年当年新增人工种草面积

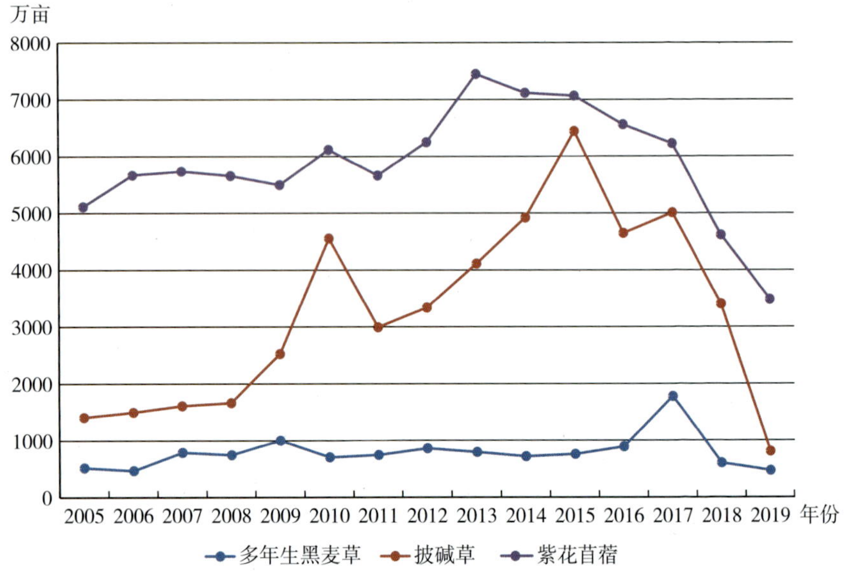

附图7　2005—2019年主要多年生饲草种类保留种草面积

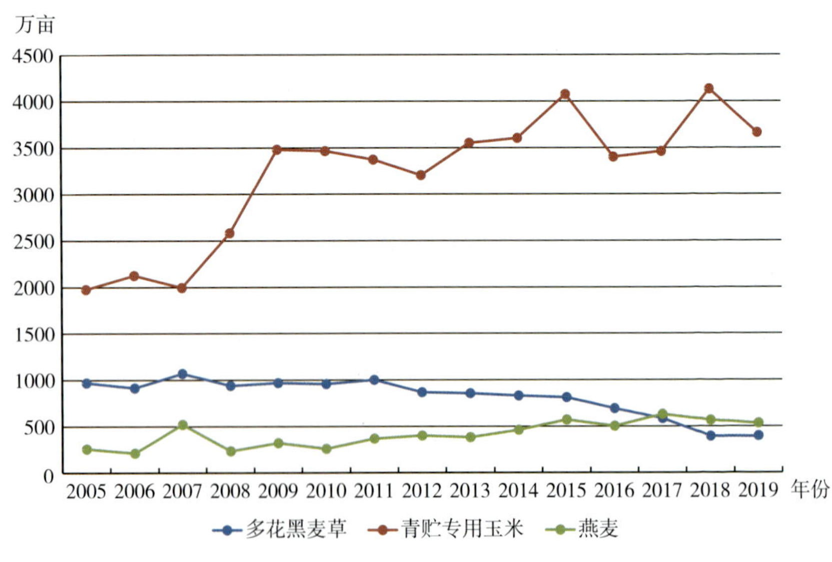

附图8　2005—2019年主要一年生饲草种类种植面积